U0172683

惟学无际

中小学校园策划与设计实践

走向平衡系列丛书

吴震陵 董丹申 著

序一

世界万物均由矛盾构成。事物发展的全过程也是诸多矛盾要素的平衡与再平衡。建筑设计及营造的全过程同样也充满着矛盾要素的博弈或平衡。平衡建筑的理论就是建立在唯物辩证法与阳明心学哲学体系上寻求人与社会、建筑与自然的可持续发展的逻辑关系，探索建筑设计全过程中关于情与理、技与艺、形与质内在关联中知行合一的状态。由此，平衡建筑理论其实是在探讨建筑设计哲学中的世界观、价值观与方法论，并以此期待走向更平衡的建筑学。

董丹申

序二

为明天的校园而努力

一

这些年在董丹申老师的带领下，浙江大学建筑设计研究院（以下简称 UAD）作为一个国内著名高校设计机构，集体潜心于对平衡建筑观的思考，自然地遵循着“知行合一”的修为之道。在构建 UAD 浙大设计学术理论框架的同时，也把平衡建筑真正作为一个设计企业的整体理念，使之润物无声般地融入至每位设计师的日常工作与生活中。

二

伴随近年来社会对中小学规划设计需求的提高，UAD 完成了多个校园的规划与建筑设计。每一所学校从设计到竣工开学，都可能会有一段酸甜苦辣的记忆，本书整理部分相关案例，作为一个阶段内设计团队关于在中小学策划与建筑设计领域如何体现对平衡建筑价值观理解的汇总。

21世纪初的中小学设计要求并不太高，还停留在解决校舍使用需求的阶段。甚至杭州当时有一家设计公司，把中小学设计直接肢解为组装式，设计伊始就把中小学同质化、平庸化、工厂化，中小学校园的设计水准整体呈现良莠不齐。

2008年的5·12汶川大地震牵动了祖国大江南北亿万人的心，一些主要的高校设计院纷纷投入到灾区中小学的重建设计中，UAD负责青川县的六所中小学校园。设计师几乎是灾后第一时间就奔赴现场调研，目睹了当地较为落后的校园建设现状。经过与当地师生等的多次沟通，我们体会到当下的中小学校园似乎已难以满足社会及教育发展的需求，中小学校园策划与建筑设计迫切需要有思考、有能力、有担当的建筑师投入。

至此之后，中小学项目的设计需求不断提升，UAD也水到渠成地完成了一系列校园规划设计。而随着校园类型与数量的增加，也给建筑师的实践与积累提供了良好的基础。

三

建筑需要具体的使用价值，它与社会密切相关，影响着人类的生活与发展。同时，作为七大艺术之一的建筑，也不应该只是属于少数人，它是物质与文明的载体，与人们的社会生活亦息息相关，可以被感知且让人有所体会。

就中小学校园本身而言，除了提供可活动的室内外空间，其本质是一个可体现社会发展文明程度的大教具。优良的校园环境会潜移默化地影响着生活于其中的每一位师生，并为学生成长为一个完整的社会属性的公民提供最为合适的场所。如果说校园是一本立体且带有时间属性的书，那字里行间应该就是建筑师所塑造的校园内各种可感知并能激发师生情感的空间。

校园之于校友，更多是可找寻内化的曾经场景及记忆，是个人情感世界不可分割的一部分。因此，优秀的校园建筑应该是恬淡隽永且历久弥新的，应该注重对师生的关怀，并且是可以建构学生人生信念的。希望可以通过校园某一处实物的触动，打通时代阻隔，唤醒一段段已封存的记忆。

四

本书收录的项目实践均依托于UAD平衡建筑的大平台，秉承平衡建筑的价值原则，始终将传承与突破作为设计中的核心课题：尊重教育之规律、淡化空间之界限、冲破定式之束缚，让校园真正成为匹配现代教育的最佳场所。这些实践试图从物理空间上提供给学生更多的探索可能性，让建筑与空间触及情感，并希望能引发师生的审美共鸣，成为师生精神境界升华的基础。

五

本书列举的项目多在东南沿海地区，项目的规模相对也都比较大，学校的类型不是特别全面，因而，本书中的一些经验和认识难免会有失偏颇。作为实践总结的初衷，其更多的是作为一份参考资料，抛砖引玉，以期能给更多的校园建设者、使用者与设计者提供一定的帮助。

六

希望我们未来更多的中小学设计实践，能继续在平衡建筑整体理论的框架下，始终秉承“本真，朴实，在地，定制”的理念。与校园迭代发展同步前进，并从地域及传统中汲取营养，增加校园文化附加值，寻求情与理、技与艺、形与质的统一，为打造未来更有温度的校园而努力。

不积跬步，无以至千里。

目录

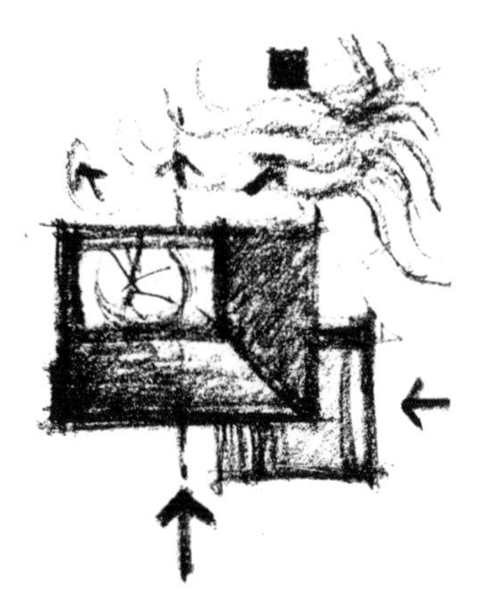

第一章

平衡建筑视域中的中小学校园设计

平衡建筑视域中的中小学校园设计

教，上所施下所效，育，养子使作善也。教育是一种培养人的社会现象，是传递社会生产经验和生活经验的必要手段。它随着人类社会的出现而产生，并随着人类社会的发展而发展。“谁赢得教育，谁就赢得 21 世纪。”

教育的形式在不断进行着变革，而学校建筑作为教育的主要阵地，它的空间和形式的变迁，则反映着校园里使用者不断变化的需求。建筑作为人类赖以生产、生活的载体，它的社会属性可能也和文学一样，成了记载人类文明与文化的重要媒介。精心设计的中小学校园建筑可以带来良好的文化氛围，对学生的品格起到潜移默化的作用，如同一个无声的“育人者”。

中小学校园作为基础教育的主要阵地，其设计无疑是承担了极为重要的社会责任。现阶段我国教育体制改革进行得如火如荼，教育理念也朝着更加多元化的方向发展。但是现有的中小学建筑在总体布局和空间要素等方面设计相对滞后，不能完全契合教育体制的变化，成为中小学建筑设计亟待解决的主要矛盾。

1.1 教育理念的变化

国外中小学教育由工业革命背景下追求效率的理念，逐渐发展成社会现代化背景下追求民主和多样性的理念，并在互联网时代向开放教育的理念过渡。国内中小学教育理念亦经历了相似的发展过程[1]。

在“素质教育”被推行前，教育需要解决的是大量基础群众的扫盲和科普问题。为了使尽可能多的人得到受教育的机会，统一的教学大纲、课程体系和教学内容被运用，这也造成了教育僵化、思维受限等一系列问题。

随着这些问题逐渐被重视，受国外先进教育理念的影响，“素质教育”理念被广泛提倡。教育不再是“纸上谈兵”，分数也不再是衡量学生学习能力的唯一标准，学生的创造能力、自学能力、审美观念与能力、交流与合作能力以及社会公德心等综合素质指标被纳入评价体系，对学生人生观世界观的形成加强引导，让学生得以全面发展。

如今，“素质教育”的内涵被不断地丰富完善，而到达“后素质教育”时代。社会发展的加速使教育在满足个人发展的同时，更需要具有一定的前瞻性。中小学的教育除去满足不可避免的应试之外，也应该秉持“以人为本”的思想，培养学生们的适应能力、创新能力、实践能力以及在学习中发现乐趣的能力。这对于学生个人成长有着比分数更加重要的意义。

---

[1] 李力 . 当今教育理念下的国内中小学建筑设计方式初探 [D]. 天津：天津大学 ,2015.

1.2 中小学建筑的建设现状

1.2.1 经济发展与教育建筑发展的矛盾

目前的中小学校园空间存在的最主要的矛盾是单一匮乏的空间模式与日益丰富的学生生活需求的冲突。学校建筑的单一化不仅体现在建筑形式、功能上，也体现在空间类型和丰富度上。我国的经济在改革开放以后经历了一段高速发展时期，这一时期在教育上的资金投入大大增加，但是大多数新建学校建筑受到了城市化进程影响，布局与形式上趋于同质化，缺乏中小学校园应有的自身韵味。

学校建设者更多地投入在引入昂贵的设备和先进的设施上，却忽略了学生们每日学习与生活的非物质校园空间的营造。校园规划整齐划一，平面布置中规中矩，建筑空间趋于标准化，内部功能趋于单一固定化。

这种标准化、程式化的校园空间会压抑孩子们的天性，学生们每日的生活流线被单一的建筑空间所框定。随着教育理念的进步[2]，这种机械的标准化的培养模式越来越不被家长和老师所认可，当下的教育越来越注重孩子们的人格培养，与之相适应的学校建筑的设计也要随之做出改变。

1.2.2 教学模式的改变

中小学建筑的历史源远流长，传统的中小学建筑形式受教学功能的主导，被划分为教学楼、宿舍等不同功能的建筑单体。在教育模式不断推陈出新的当下，学生的心理需求日益丰富，传统校园显得功能匮乏、较为封闭，且缺乏对使用者视角的思考，不足之处也慢慢凸显[3,4]。

在应试教育时代，学生们在学校里的行为模式更多受到成年人主导，学校空间的设计也更多从管理者的角度出发，设计者更多考虑的是如何进行更高效地“监管”，如何能提高学生们的学习生活效率等问题。而当教学活动不再是居高临下的掌控，更多是教育者和学习者双向的交流和互动时，设计者们需要重新审视学校空间的设计。

近年来我国基础教育的理念与实践以及社会需求都发生了许多的新变化，混龄教育、走班课程、非正式学习等新教育理念慢慢深入人心。过去的制度化学校建设阶段（即根据建设标准中功能空间的罗列），逐渐转变为开放式学校设计阶段（学科内部乃至不同学科之间进行融合式学习，强调空间的可变性与适应性）。学习不仅仅发生教室里，而是在学校的每一个角落；学校也不仅仅是教学空间，更是学生们生活成长的空间。20 世纪 90 年代，在终身学习理念的指导下，我们的邻国日本提出了“学社融合”的概念，中小学与所在社区之间的互动与合作被加强。我国中小学设计受其影响，开始向与社会实现资源共享的方向发展，这对校园空间的多样化设计又提出了更高的要求。

值得欣喜的是，近年来，一些适应新的教学模式的中小学建筑设计开始涌现。一些设计师喊出**“设计小学就是设计别人的童年”**，这意味着校园设计承担了更大的社会责任，建筑师的每条线条都需要慎重着笔。设计了一个怎样的空间就等于提供了一个与之对等的教育环境、教育场所。在相当程度上，我们设计中小学校园建筑、营造教育空间，是在构建适合一校的“教育学”。

---

[2] 刘厚萍. 中小学学校空间变革研究 [D]. 上海：华东师范大学，2019.

[3] 叶鑫，徐露，龚曲艺. 基于共享理念的中小学校园设计策略探讨 [J]. 建材与装饰，2018(37):95-96.

[4] 张涛. 当前我国中小学建筑设计中存在的问题及分析 [J]. 建材与装饰，2018(31):77-78.

图 1-1 “超大规模学校”（雍晓燕. 深山小镇和它的 " 高考传奇 " [J]. 四川教育 ,2012,(7):27-31.）

1.2.3 超大规模学校

超大规模学校是指在校生人数超过 3000、班级总数高于 60 的中小学[5]，其形成原因主要有三。

首先是现实需求，城市化的进程促使大量人口往市区（特别是一二线城市）聚集，带来教育资源短缺的问题，与此同时，许多经济欠发达的地区尚未普及高中教育，扩大现有高中的规模成为行之有效的方法之一。二是社会发展的需求，社会发展水平的提高促使民众开始追求更优质的教育资源，许多实验小学、师范中学等名牌学校因校舍有限，出现一座难求的局面，学校便开始进行改扩建，或是新建分校，一批超大规模学校因此而诞生。三是政府诉求，规模办学不仅有利于教育资源的普及，让更多学生有书可念，也迎合了当下城市高密度建设，土地资源稀缺的现状。超大规模学校在有限的土地空间上为数千名学生提供学习的机会，不失为解决城市教育问题的一剂良方。

对于超大规模学校来说，许多既有的中小学校在整体规划布局上依然延续了明显的“功能分区”理念。各功能用房的服务半径增加，师生日常生活的通行压力较大，使用不便；室外空间尺度过大，单一功能建筑组团缺乏交往空间的设计（图 1-1）。

因此学校建筑应该更好地协调好空间内部各功能之间的关系，将一些功能相关性和活动交互性较强的使用空间加以整合。使建筑空间的组合具备明显的整体性、高效性、互通性、兼容性和开放性，体现出空间形式的包容性和建筑表现的多样性，为学生营造良好的社交环境和社团活动空间，丰富校园生活内涵。

1.2.4 多种限制条件

学校是最复杂的建筑类型之一，一所学校包括的常规建筑类型不会少于三类。同时设计一所学校，往往还需要突破僵化的格局、有限的投资额度以及多重业主所带来的限制。

以北京房山四中为例，其成功之处在于，无论设计之初的限制条件有多么复杂，每一方的主导者都始终保持着建设一所高质量的学校来推动教育服务公众的初心。尤为难得的是业主以建设一所不属于房地产开发范围的高质量学校为初衷，保持着这个目的，和当地政府、北京四中和设计师多方合作，促成了这一次的突破性探索。而大部分的项目建设初期各方主导者都不能达成统一共识，这时便需要建筑师来进行前期策划以及统筹和平衡。

[5] 张新平．巨型学校的成因、问题及治理 [J]. 教育发展研究 ,2007,(1):5-11.

1.3 改变中小学建筑现状的几点思考

当代中小学的使用功能不再局限于简单的“教”与“学”的二元行为模式，而是多元化、全方位的信息传输和交互。这一过程不仅仅发生在教师与学生之间，也发生在教师与教师、学生与学生，以至于使用者和建筑之间。这要求设计者能够打破传统的单一功能的学校建筑形式，设计出更适合素质教育的功能组团和校园空间，为使用者提供立体化、多元化交流的可能性（图 1-2）。

同时中小学建筑作为重要的文教建筑类型，自身具有非常显著的时代特征和地域特征。好的建筑如同一个符号，是设计者对当地的历史传统、地域文化、意识形态、审美观念、民俗风情的吸收、总结和二次表达。其形态、材质、空间无一不诠释了建筑与当地的自然和人文风貌的依存关系，在建筑表达上也可是百花齐放。取舍、扬弃、吸纳、诠释，尺度也应由设计者来相应掌握。因此，建筑师在进行中小学建筑的设计时应该对以下的思考给予回应。

首先在进行中小学建筑的设计时，要秉承创造优质教育环境的初心。以人为本，从学生的心理与使用需求出发策划及规划，让校园建筑能够成为良好教育的助力。好的校园建筑一定是能够为学生的身心发展提供良好的环境，而不应该过于程式化、标准化，压抑学生的天性。

图 1-2 新型学习空间（图片来源：田园学校 / 北京四中房山校区 [J]. 城市环境设计，2018(5):32-53.）

第二是如何打破传统的中小学建筑组合模式，与时俱进，使之更好地服务于新的教育理念。要做到这一点，需要更加动态多变的校园设计策略，来适应甚至促进教育理念的改革，激发校园活力，使校园的一切都围绕着学生的学习生活为根本目的。

第三是如何平衡中小学设计建设过程中面临的种种矛盾。包括传统的教学空间与新的教学活动间的矛盾，有限的用地空间与更多的功能需求间的矛盾，施工技术与投资管理之间的矛盾，建设主体与使用者的诉求不一致的矛盾等。只有解决了各影响因素间对立统一的关系，才能让项目真正落地。

第四是如何在充分尊重当地的历史、人文、地貌的前提下，结合办学理念进行再次创造和诠释，使学校与当地环境相融。学校建筑作为重要的文化建筑形式，对于当地的文化和历史要有一定的尊重和表达。这种表达是文教建筑的特征，也是作为一种传承，有地域性和文化性的学校建筑能够为学生带来认同归属感。

最后，在满足上述条件的前提下，可以对未来的教育模式如何变革进行一定的探索和尝试。社会的发展和技术的变革不断对教育提出着新的挑战[6]，建筑设计师对未来教育的思考同样可以通过建筑设计的手段来表达。

[6] 华乃斯，张宇. 适应新时代需求的中小学教学空间模块设计研究 [J]. 建筑与文化，2018(10):60-62.

以上思考是基于过去的学校建筑中存在的一些不足而提出的。教育在经历着变革，中小学校园建筑也要随之做出相应的改变。这个蜕变的过程是一个去标准化、去形式化的过程，也是一个回归建筑设计本质的过程。这个过程让我们思考，当模式与标准不复存在，该如何去处理建筑设计过程中出现的种种矛盾以及如何去体现各方参与者显性隐性的声音和需求。

1.4 平衡建筑理论与中小学校园设计

从人类的生产和生活实践中，可以感知到这个世界上的平衡是无处不在的。从宇宙的起源到大千世界、自然生态、生命特征、国家战略、社会万象、人与动物、人居与自然、经典建筑、企业文化等。从唯物辩证法的角度来说，世界万物充满矛盾又保持平衡；而从东方哲学思想上寻其源头，会发现它正是“知行合一”在各领域中的体现与实践。

在中国历史上，“知行”关系作为哲学命题虽出现较晚，但“知行合一”的思想一直贯穿于儒学的发展之中。王阳明先生集知行学说之大成，将“知行合一”逐渐发展成完备的哲学体系，使之既是一种识知与践行的状态，更是安身立命的哲学智慧。

“平衡建筑”的理论扎根于东方传统哲学智慧，有利于确立自身在理论基础方面的自信，也有利于现实的发展。平衡不是平庸，走向平衡的建筑学鼓励更多原创性的探索。也许是注重个体意志表达的艺术性的建筑创作，也许是格物求真的学术实践，也许是面向市场与客户的建筑商品，但一定是原创的道路，是创意与现实的平衡。

走向平衡的建筑学，上接传统、下接现实，将是中国建筑可以预见的未来。我们在研究平衡建筑的过程中，总结出“平衡建筑”具备五大价值特质，而这也恰好可以为中小学建筑的设计提供思路。

1.4.1 人本为先（人性化）

路易斯·康在谈到学校建筑时曾经这样说道：“学校起源于一个人坐在树下与一群人讨论他的理解，他并不明白他是个老师，他们也不明白自己是学生。学生们在思想交流中做出反应，明白这个人的出现有多好。他们愿意自己的孩子们也来听这个人讲话。很快空间形成了，这就是最初的学校……这就是为什么说，让思想回到起点上去是好的。因为一切已有的人类活动的起点是其最为动人的时刻。”

学校建筑的设计应该回到其起源，以人的行为和天性为主导，做到以人为本。这里的人，包含学校的直接使用者、管理维护者以及投资者等，具有丰富的内涵。满足这形形色色的人的需求，是校园建筑最重要的设计根基。正因如此，人本为先是平衡建筑首当其冲的价值特质。

1.4.2 动态变化（创新性）

任何平衡都是暂时的、相对的，这是平衡的常态。与时俱进，打破旧平衡，构建新平衡；找初心，找设计源点，这才是创新的源动力。植根本土，有源创新，一直是我们孜孜以求的创作态度。

经过了“标准化”建设的洗礼，我国城市绝大部分校园建设处于由千校一面、经济高效的标准化校园向趣味活力的多样化校园迈进的阶段，而实现这个多样化的核心就在于设计创新。动态平衡的设计理念以创新性为核心，在充分考虑了未来学校的特征和需求（如规模巨大、强调开放、可变空间等）的基础上，从功能布局、组团模式、建筑空间以及建筑形式四个具体层面提出相应的设计策略。其中，功能布局和组团模式是针对校园整体规划的层面，建筑空间是针对单体建筑设计的层面，而建筑形式则是针对校园的外部形象层面。通过对这四方面策略的探讨，力图从整体到局部、从内部到外部，为未来的中小学建筑拓展可能的设计思路，并促进校园教学模式的进一步变革。

1.4.3 多元包容（容错性）

追求矛盾的特殊性与普遍性共存、共生。和而不同，跨界互动，这是由平衡的特征决定的。而建筑学作为一门多专业融合的学科，其实践更是受到多方面的影响和制约。因此，为实现平衡，合作共享是必然的手段，实现共赢则是根本目标。对于项目设计来说，这既是一种现实的存在，有时也是一种主动的追求与选择。

对中小学建筑而言，多元包容不仅体现在多专业、多角度的合作互动，也体现在教学空间上的多样性与可变性。这对于适应未来教学模式的发展有着十分积极的作用——教室以外的空间变得越来越重要。更体现在传统地域文化与现代建筑空间精神的包容上，随着侧重个性化的教学理念逐渐被重视，学校中的建筑设计与课程设计之间的多样与交融是未来发展的一大趋势。

1.4.4 整体连贯（整体性）

“得体”、“适如其分”始终是构建平衡校园整体观的同行者，追求气质上的浑然一体，既有整体的大局观，对细节的掌控又细致入微，这是平衡所追求的艺术境界与格调。建筑师在从事创作时不应只是单纯地关注建筑本身，而应当具备广阔的视野和全新的角度，去处理建筑和周边自然、社会、人文环境的关系。并从建筑的布局、立面乃至细部、节点上予以体现，使建筑作品、人和环境实现高度融合。

1.4.5 持续生态（生长性）

“持续生态，永续发展”是当代建筑思潮中的重要理念。建筑如同一个生命体，生长与更新是常态。树立全寿命周期的观念，亦是平衡建筑观中内含的社会责任。

随着教学理念走向个性化、多样化，应着眼于良好的设计弹性和为今后规划良好的发展轨迹，留下更多灵活变动的可能性 。追求“人与自然环境的可持续”和“人与社会环境的可持续”，将校园的整个生命周期纳入设计考量，落实终生运维，实现生态良性循环，是教育建筑对可持续发展思想的一种回应。

1.5 本章小结

“平衡建筑”是基于历史和当前的中国建筑市场环境提出的一种思考。平衡是古老的中国哲学，在中国人的思想中有着根深蒂固的地位。平衡不是一种消极的方式，而是面对多元化、复杂化的事物所采取的包容姿态。

建筑设计是一个内省和表达的过程，这个过程同样适用平衡的思维。当代中国的建筑市场受到种种的外来冲击，建筑师们进行过各种各样的尝试，最终在不断的碰撞之中，以包容的姿态走向平衡。

“平衡建筑”是一种建筑设计观，中小学校园建筑作为重要的建筑类型，本身具有实用性、文化性等多重特质。而随着教育的不断推进，原有的学校建筑所存在的矛盾与弊端也日益显露，现有的建设标准和常规任务书不再适用于新建中小学，这也是为什么近年来，越来越多的建筑师开始介入到项目前期的策划阶段。中小学建筑策划包含校园功能组成策划、规划布局策划、建筑形态策划等。我们始终建议在校园的设计之初就需要建筑师、建设者与使用者进行全方位的深入沟通，建筑师的参与也便于他们在设计过程中更加充分地理解最新的教育理念和当下使用者的需求，从而确保最终良好的建筑效果与使用感受。

如何在新的教育理念和时代背景下运用“平衡之道”进行中小学校建筑的设计，是 UAD 浙大设计近些年来一直在做的尝试。接下来要介绍的十个校园或在建，或已建成交付使用，但无一例外，他们都是运用“平衡建筑”设计理念中的五大特质的不同出发点来进行实践。

浦城一中新校区的设计，在尊重城市文化和基地环境的基础上，营造出一座成长于山地绿野之间、根植于地方记忆与发展脉络之中的现代园林书院，出自平衡建筑的人本为先；在北大附属嘉兴实验学校中，为了应对未来教育的发展模式，通过大量的功能复合和组团式的布局来统筹校园整体布局，出自平衡建筑的动态平衡原则；在宁海技工学校中，带有明显雕塑感和体积感的形体在山野之间浑然一体，给人印象深刻，出自平衡建筑的整体连贯。诸如此类，不一一列举。

一处体现当代教育观的校园，终将会留存师生的记忆，并可能会影响着一个城市的灵魂。从事中小学设计的建筑师更应该有敏锐的感受，所有的感官器官都应该是张开的，用全身去感受校园的所有体验。我们希望通过运用建筑设计的平衡之道，为中国的中小学校建筑的建设与发展尽绵薄之力。

千里之行，始于足下！

第二章

人本为先：人性化

人本为先：人性化

人本，是以人为本的简称。

人本为先，是平衡建筑五大价值特征之首，人性化正是建筑设计的本源，也是设计为人所感动的缘由，这是基于对生命的尊重。具体的人、形形色色的人、潜在的人，对他们不同需求的研究与深度把握才是平衡的主体[1]。

2.1 人本为先的阐释

早在春秋时期，齐国名相管仲就提出了“以人为本”的思想[2]。两千多年过去了，“以人为本”已经渗透入中国文化的血脉中，成为各行各业的重要行事准则之一。

建筑的设计与建造，其目的是实现人类的生存和发展，其根本是服务于人。在建筑设计领域倡导人本为先，体现的是对建筑各类使用者的关怀，只有满足不同使用者需求的建筑，才是一座合格的建筑。

这种论调在国内现如今愈发强调“存在感”、“个性化”和“网红化”的创作背景中似乎显得有些“陈旧过时”。但我们需要相信，个性与流行转瞬即逝，经典之所以成为经典，必然有其背后闪现的人性光芒。

子曰：“有教无类”。学校建筑是为儿童、青少年创造良好的学习和生活环境，为他们的健康成长，以及德、智、体等方面的全方面发展创造优美、舒适和安全的环境[3]。在中小学设计中强调人本为先，更与中小学教育中提倡的人本教育理念[4]不谋而合，为学生提供更符合他们天性的成长环境，为他们的全面发展提供支持。

2.1.1 确立主体——什么人?

讨论人本为先，首先需要确立讨论的主体，即“什么人”。在建筑设计，建造和使用的各个阶段中，涉及的主体有很多，他们的需求都是我们需要尊重和研究的对象。

1）使用者

使用者，即建筑直接服务的人群，是建筑设计中首要的也是最不容易被忽视的群体。建筑要从用户、使用者角度出发，多从哲学层面思考。服务于使用者，是建筑设计的初衷与存在的意义。

在中小学设计中，使用者包括学生和教师两类人群，他们也是在校园内活动最为广泛、使用建筑最为频繁的人群。他们的感受直接关系到学校设计的成功与否。

2）管理维护者

管理维护者是确保建筑内各项活动能够顺利展开的保障人群，一座设计优良的建筑，不仅要满足最广大使用者的需求，还应当是便于管理和维护的，只有满足了这一点，建筑的使用和发展才是可持续的。

在中小学设计中，管理维护者包括校方行政管理人员、物业管理人员等。他们关心校园建设的各个方面，常常能察觉到师生不易发觉的缺点和不便。

---

[1] 董丹申．走向平衡 [M]. 杭州：浙江大学出版社，2019.

[2] 《管子》“霸言”篇：夫霸王之所始也，以人为本。本理则国固，本乱则国危。

[3] 张宗尧，李志民．中小学建筑设计 [M]．北京：中国建筑工业出版社，2009，6.

[4] 阳柳．大陆与台湾地区中小学校建筑空间及环境的比较研究 [D]. 长沙：湖南大学，2016.

3）投资者

投资者是建筑立项出资的人群，也就是建筑师口中的"甲方"。在很多情况下，建筑设计任务和具体要求都是由投资者直接向建筑师下达的。近年来，建筑师越来越多地参与到项目策划的阶段中，为将投资者的建设意图与最终呈现的建筑效果相结合出谋划策。

在中小学设计中，投资者可以是政府，也可以是一些民营教育机构，甚至是某个企业与教育机构，或政府与企业的联合体[5]。不同的投资者在设计节奏、资金投入、投资效率等方面有不同的需求。

面对形形色色的人，建筑师的角色就是要处理好不同人群需求之间的关系。在项目发展的初期，不论投资者是已经给出详尽任务书，还是邀请建筑师进行项目策划，建筑师都需要积极介入投资者的各项决策中，深入了解投资者在"表象需求"背后的"实际需求"，并给出合理的建议，让投资者的资金都用到刀刃上。然后，建筑师需要坚定地站在使用者的角度出发去考虑建筑设计，充分研究使用者的行为习惯与心理感受，结合未来的发展需求，让建筑不仅在当下，也能在未来一段时间内充分满足使用者的需求。与此同时，建筑师也要听取管理维护者的意见与建议，通过在设计之初通过展开座谈会、线上沟通等方式，将管理维护者的需求纳入到设计的考虑范畴之内。

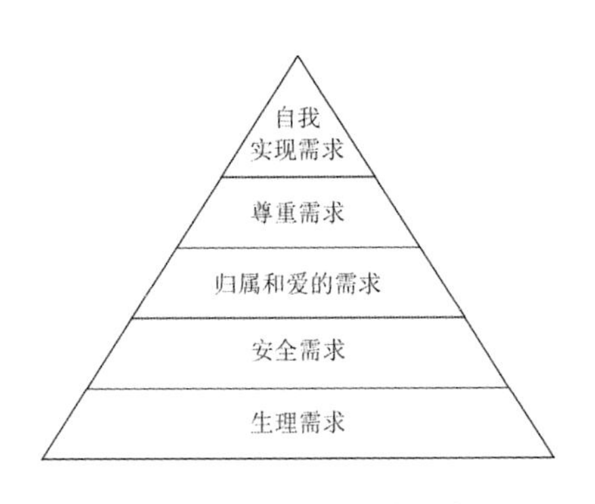

图 2-1 马斯洛需求层次理论（图片来源：自绘）

这里只讨论了建筑最普遍的主体情况。而在实际项目中，建筑师需要面对的可能还有场地原住民、附近居民、甚至新闻媒体等各种人群，这就需要结合具体项目具体分析。

2.1.2 人的需求

在确立了作为主体的人的构成之后，人本为先需要进一步明确人的具体需求。

美国心理学家亚伯拉罕・马斯洛将人的需求从低到高依次分为生理需求、安全需求、归属和爱的需求、尊重需求和自我实现需求。这些需求都是按照先后顺序出现的，当一个人满足了较低层次的需求，才能往较高层次的需求发展。这就是著名的马斯洛需求层次理论[6]（图 2-1）。

生理需求包括对水、呼吸、睡眠、食物等各个方面的需要，是人类维持自身生存的最基本要求，也是建筑必须满足且最容易满足的需求。它是建筑之所以存在的意义。

安全需求在生理需求的基础上，进一步满足了人对于安全感的追求。在建筑设计中，安全感可以通过清晰明确的功能分区、简洁易达的交通流线、细致入微的防护措施、温暖明亮的光环境设计、完善易读的标识系统、考虑特殊人群需求的无障碍设计等方式来获得。

归属与爱的需求，也被称为社交需求，是人们在生活与交往过程中的感情需要。在建筑设计中，通过合理利用非功能空间[7]，可以促进使用者个体之间的交往，有利于满足人

---

[5] 如北京四中房山校区便是政府与万科共同推进打造的学校项目，详：史建．建筑还能改变世界——北京四中房山校区设计访谈 [J]. 建筑学报，2014,(11):1-5.

[6] [美] 弗兰克．戈布尔（Frank Goble). 第三思潮：马斯洛心理学 [M] 吕明，陈红雯译．上海：上海译文出版社，2006:78.

[7] 非功能空间是指在建筑中不具有明确使用功能的空间，例如交通空间、辅助空间、中庭、阳台挑台及因造型等需要产生的特殊空间。详：朱伟伟．建筑的非功能空间设计研究 [D]. 合肥：合肥工业大学，2011.

的社交需求。

尊重需求是人们尊重他人及被他人尊重的需求，当个人的意见和能力被认可时，这种需求会得到极大的满足。建筑师与各类人群接触沟通的过程中，保持谦逊的态度，积极听取来自各方的意见，即使不能及时满足，也需要给予回应，在交往合作的过程中往往会事半功倍。

自我实现需求即对问题解决能力、道德、公正度、创造力、自觉性以及接受现实能力的需求，是努力实现自己的潜力，使自己越来越成为自己所期望的人物。这是人类最高层次的需要，需要全体参与者的共同努力。中小学校园的建设管理与使用者们，不论是提出的建议被采纳，还是共同探讨了未来校园的设计目标，或者真实参与到了校园的一砖一瓦，甚至一片花坛、一个建筑小品的建设与管理中来，他们在项目中都能获得参与感和被尊重的体验，也会因此发自内心地为建成的校园感到骄傲，热爱并维护它。

2.1.3 如何做到人本为先

那么，中小学校园建筑设计如何做到人本为先呢?

首先，要提倡人本主义建筑，强调人与建筑的内在契合度。不同于以往自上而下的建筑设计流程，建筑师需要从在地的角度出发，除了关注气候条件、历史传统、文化沿革、建筑风格、材料工法等已被广泛接受的方面，更要注重当下正在发生的、活生生的人文风貌、社会习俗、生活状态、人际组织、行为模式、生态构成等“地方”要件[8]。

心情放松不预设立场，尊重当地并谨慎介入，相对克制地在设计中进行自我表达，才能发现最适合这个场所与这群人的解决方案[9]。由日本特瑞建筑事务所（音译，TERRAIN architeccts）设计的位于乌干达的 AU 学生宿舍便是在地设计的优秀案例。学生宿舍位于赤道地带，气候炎热，建筑师发现当地居民通常在室外的有微风吹拂的阴凉处度过酷暑难耐的日子。因此，他们将用一系列间隔 3~4 米的东西向高墙并置，为场地提供荫庇，并在南北侧大面积开窗用于采光和通风（图 2-2a）。建筑的材料和建造工艺则完全取自当地，良好的建成效果让泥瓦匠和工人们对原本认为毫无价值的砖块产生了深深的自豪感（图 2-2b）。

[8] 周榕．建筑是一种陪伴——黄声远的在地与自在 [J]. 世界建筑，2014,(3):74-81.

[9] “心情放松不预设立场，才能慢慢摸索出四周小区真正需要的那片空白。”——黄声远．十四年来，罗东文化工场教给我们的事 [J]. 建筑学报，2013,(4):68-69.

当建筑师真正服务于人时，听取不同的声音就变得简单和自然。收集来自使用者、管理者、投资者甚至后勤团队的诉求，每一个声音都得到认真对待，并在建筑成果中得到相应的体现，可以满足各类人群的尊重需求甚至达到自我实现需求的高度。实现能够体现公正与平等的设计，而不是用政府的权利甚至纳税人的钱去满足个人的某种欲望，便是一个优秀的公民建筑。需要说明的是，听取不同的声音并不意味着否认建筑师的职业地位，也并非要否认建筑师在空间、形式上的积极探索，而是试图纠正长久以来在建筑设计过程中建筑师的单向视角，让建筑与人们的诉求更好地结合到一起。

一座建筑的生命周期中，绝大部分的时间是陪伴着它的直接使用者的，因此，使用者的需求需要被更加仔细地考量。每个使用者群体都有各自的行为习惯和心理特征，为不同群体量身定做适合于他们使用和生活的建筑，是建筑师的责任。在幼儿园设计中，根据儿童的心理和使用习惯设置有趣的路径和适于他们观察的矮洞[10]。在中小学校园建筑设计中，用宽大的走廊保证学生课间的短暂活动场所等，这些充分结合使用者的特点和需求做出的设计举措，让建筑真正做到了人本为先。

除此之外，人本为先还涉及建筑设计的方方面面。举例来说，在讨论绿色建筑的时候，人们更多的可能会注重技术和各类指标情况，而忽略人的感受。20 世纪的欧洲，在石油危机的促使下，各国开始考虑建筑节能，制定了严格的法律条文。有些国家认为，开窗面积要最大限度地减小通过窗户流失的能量。结果大量 1970~1980 年代建造的建筑室内自然采光很差，对使用者来说极不健康。而糟糕的自然采光又迫使室内需要大量的人工照明，也是另一项能源开支[11]。

在探讨地域主义建筑设计时，使用者视角同样十分重要。地域建筑不应只是建筑师的美学观念、乡愁情感等个人意志表达，更应该是基于某一地区复杂的社会关系或迫切的生活需求，并将其作为设计的出发点[12]。以最为本真质朴的当地特点为切入点，并真实地解决与满足使用者的需求。

[10] 祝晓峰. 蜂巢里的童年上海华东师范大学附属双语幼儿园 [J]. 时代建筑 ,2016,(3):90-97.

[11] 科特 • 伊米尔 • 伊莱克森 , 宋晔皓 . 访谈 : 可持续设计下的建筑师与使用者 [J]. 建筑学报 ,2016,(5):113-117.

[12] 袁丹龙 . 从建筑师视角走向使用者视角的地域主义 [J]. 新建筑 ,2018,0(6).

a. 一系列间隔 3~4 米的东西向高墙并置，并在南北侧大面积开窗

b. 建筑的材料和建造工艺完全取自当地

图 2 2 乌干达 AU 学生宿舍（图片来源：乌干达 AU 学生宿舍 [J]. 工业设计 ,2019,(8):24.）

2.2 设计实践

2.2.1 宁波杭州湾滨海小学

小学是人的一生中身心发展的重要阶段，不同年龄阶段的儿童在身高尺度、行为习惯和认知能力等方面相差很大，正是最需要认真考量、区别对待的阶段。宁波杭州湾滨海小学根据每一阶段儿童的特点，分组团精心设计，通过空间、功能复合的方式尽可能为他们提供充足且多样的活动交往空间。与此同时，园区规划也为教职工、家长等各类使用者提供了关怀和便利，并为未来服务于社区居民做好准备。人本为先的理念贯穿设计的各个方面，使之成为一座真正融于当地、服务于当地的教育综合体（图 2-3）。

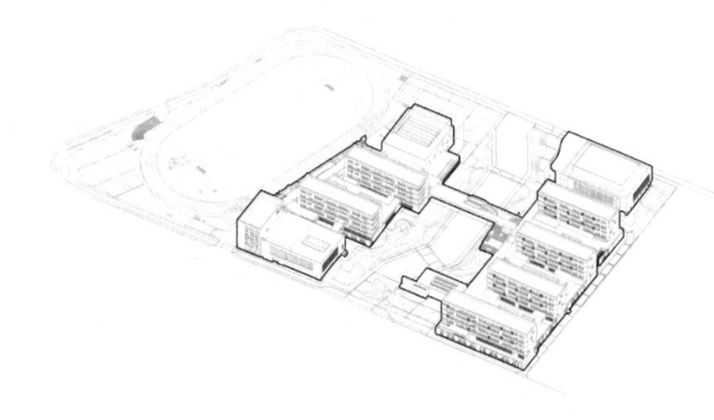

图 2-3 二层活动平台（图片来源：UAD 作品，摄影 赵强）

图 2-4 总体鸟瞰图（图片来源：UAD 作品，自绘）

1）概述

2001 年，随着杭州湾跨海大桥的立项建设，浙江慈溪经济开发区启动开发，这便是宁波杭州湾新区的前身[13]。宁波杭州湾新区位于浙江省慈溪市域北部，北与嘉兴隔海相望，位居上海、杭州和宁波三大都市几何中心，是一片“因桥而谋、与桥同兴”的发展大平台[14]。

新区定位为“宁波北新城、生态杭州湾”[15]，目前尚处于发展初期，大量湿地农田被保留下来，水系发达，生态环境很好。

宁波杭州湾滨海小学位于新区北侧沿海地块，东至规划道路、南至滨海七路、西至未出让地块、北至规划道路，总用地面积 55956 平方米。地块原为湿地绿化，景观条件良好。小学总建筑面积约 43580.8 万平方米，可容纳 60 个班，2700 名学生（图 2-4）。

2）人本为先的校园设计

学校不应仅仅作为一个学习的场所，同时也是一个社区活动中心，是个时刻充满活力的地方。建筑只是教育的“容器”，它是物质空间，也是精神空间，是时刻围绕“人”这一主题展开的一道命题作文。

[13] 摘自宁波杭州湾新区官网，网站地址：http://www.hzw.gov.cn/col/col134880/index.html.

[14] 胡燕娜，张秋云 . 区域文化与大学文化建设研究——以宁波杭州湾新区为例 [J]. 时代教育 ,2016,(5):107-107,109.

[15] 夏洋，曹靓，张婷婷等 . 海绵城市建设规划思路及策略——以浙江省宁波杭州湾新区为例 [J]. 规划师 ,2016,32(5):35-40.

图 2-5 二层平台（图片来源：UAD 作品，摄影 赵强）

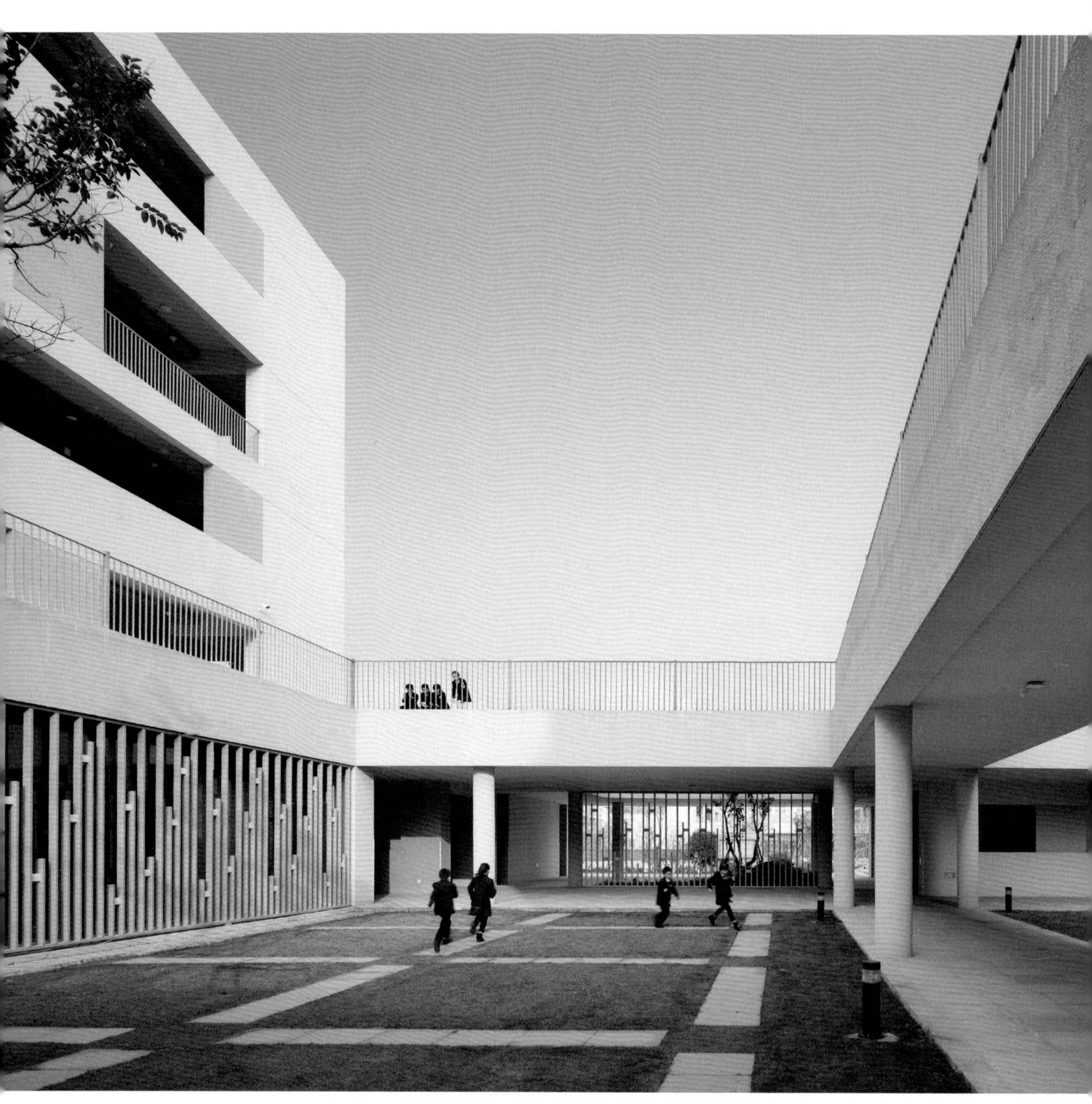

图 2-6 活动庭院（图片来源：UAD 作品，摄影 赵强）

校园设计主要从三个方面体现“人本为先”。

– 在地设计

设计根据宁波杭州湾新区理水成网的规划理念，充分尊重现状生态环境，以期能在校园设计中予以体现。原用地规划中，地块被一条笔直的南北向河道一分为二，经过设计整合，破直构弯，河道及两侧绿带变成校园的中心花园，创造更多回归自然的滨海绿化空间。还原自然的湿地河道环境，使校园建筑溶于基地环境，成为孩子们的成长乐园。

– 使用需求

小学期儿童年龄段为 6~7 岁到 12~13 岁，他们在积累知识和生活经验的同时，对自然与社会现象也有了一定的好奇心。这个阶段的儿童求知欲和表现欲都比较强烈，开始进行团体活动且活动能力逐渐增强[16]。他们对于游戏、运动的空间需求较大，操场、草坪、小广场，甚至教室外走廊、平台都可以成为他们活动的场所，精心设计组织的校园空间能有效促进儿童合作及建设性行为[17]。

杭州湾滨海小学在整体布局上充分考虑小学生的行为习惯，摒弃传统“鱼骨式”、“巨构式”的布局方法，采用“去中心化”的均质式布局。所有的建筑通过位于二层的室外平台联系，河东岸和西岸也可以通过与二层平台等高的桥相连，平台之下围绕下沉庭院的是个性化教学空间（图 2-5、图 2-6）。

整个校园作为一个完整的教育综合体，教学、活动、生活均一体化设计，风雨连廊可以连通所有的校园建筑。下沉庭院、共享平台、风雨连廊与教室外的半室外走廊一起，为小学生提供了多层次的活动交流场所，也方便了教师和管理人员在校园内的活动。

教学综合体的设计从学生的行动力、成长心态等方面着眼，分为三个年龄组团，为其定制符合其年龄特征的低龄、中龄和高龄等三组教学建筑。每个组团内的功能空间和游憩空间设置都与其年龄相一致。低龄组团注重幼儿的体验感受，院落更零散和微小，设置较大的集中引导空间；中高龄组团的院落布置逻辑分明，连接路径清晰，两个组团相邻布置，便于孩子们的互动和交流（图 2-7）。

规划设计特别考虑了家长的接送问题，在校园主入口附近特别设置了家长休息等候区，将人性化的考虑融入设计的每个细节。

– 社会效应

学校作为重要的公共建筑，不应只服务于在校的学生，同时也要考虑其社会效应。加之杭州湾新区尚处于发展初期，很多公共配套设施还不完善，也需要向学校借用一些公共场所服务于社区。规划考虑后期部分功能与社区共享可能性，将风雨操场和多功能厅等功能空间靠近入口设置，与标准田径场一起便于单独管理，也是在以人为本的角度上服务于周边社区的居民。

---

[16] 庞晓丽 . 中小学校园环境中廊空间的设计和意境营造 [D]. 长沙：湖南大学 ,2007.

[17] 李茜 . 基于儿童心理角度的小学校园环境设计研究 [D]. 长沙：湖南大学 ,2014.

图 2-7 教学楼（图片来源：UAD 作品，摄影 赵强）

3）超大规模完全小学的设计实践

小学班级数量达到 60 个，已经是名副其实的超大规模学校[18]。在有限的用地条件下，小学通过一系列空间、功能上的复合，既方便了师生的使用，也节省了用地空间。

– 空间复合

基本教室按年级分为三个组团共六个条形单体建筑，由一个位于二层的公共平台相连，方便各单体间的交流与联系。一层院落与二层平台上下联动，形成了垂直方向上的两级公共活动场所，为师生争取了更多的活动空间。

– 功能复合

教学组团中，专业教室等功能布置于一层，与虚体的院落和放大的公共区域共同塑造空间的趣味感（图 2-8）；基本教室位于二层大平台上；其顶层布置的活动用房，也可以作为校园的机动使用功能（图 2-9）。三明治式的功能教室布局，使之成为真正的教学综合体。

在生活后勤组团中，食堂和教工宿舍并列设置，成为生活后勤综合体，既方便了教工使用和管理，也节省了用地，将更多的空间用于满足师生多样的教学需求。

[18] 张新平 . 巨型学校的成因、问题及治理 [J]. 教育发展研究 ,2007,(1):5-11.

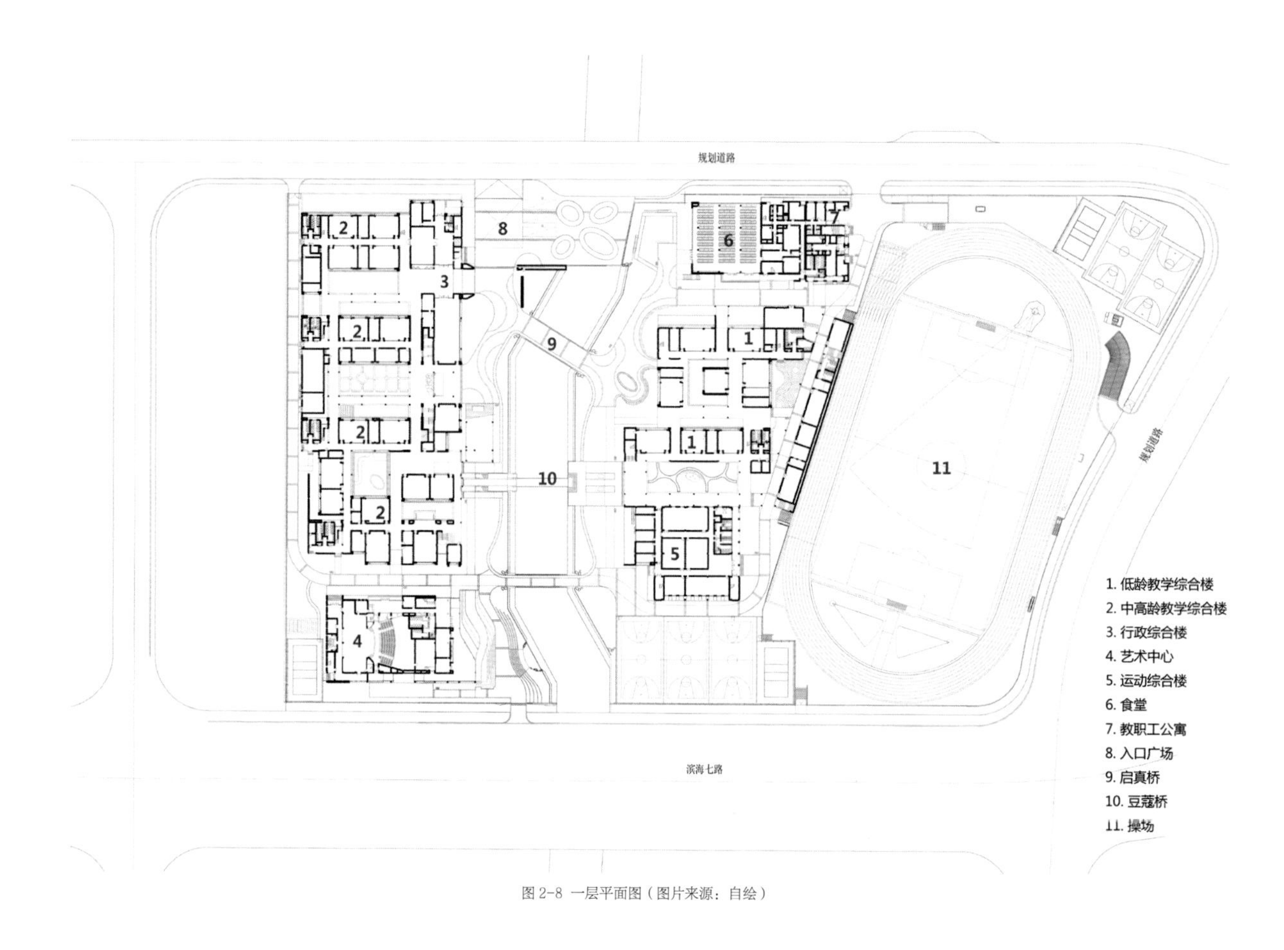

图 2-8 一层平面图（图片来源：自绘）

图 2-9 篮球场（图片来源：UAD 作品，摄影 赵强）

4）小结

人在知识接受时候的感知敏感度，是与当时的身体感受，以及空间体验是非常关联的。小学是人的一生中身心发展的重要阶段，不同年龄阶段的儿童在身高尺度、行为习惯和认知能力等方面相差很大，正是最需要认真考量、区别对待的阶段。宁波杭州湾滨海小学根据每一阶段儿童的特点，分组团精心设计，尽可能为他们提供充足且多样的活动交往空间。与此同时，园区规划也为教职工、家长等其他使用者提供了关怀和便利，并为未来服务于社区居民做好准备，各类人群的需求都得到了尊重和满足。

待到春暖花开时，师生漫步于豆蔻桥上，望着潺潺的流水和盎然的春意，微风送来花朵的清香和远处平台上孩童嬉闹的欢笑声，该是怎样一幅动人的图卷……

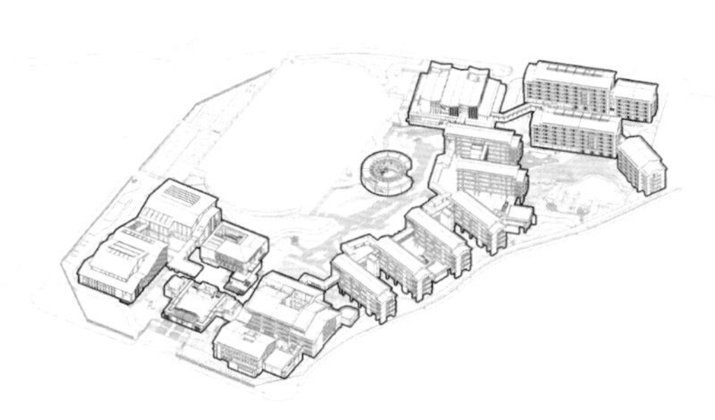

2.2.2 浦城一中新校区

福建省浦城第一中学新校区设计在尊重城市文化和基地环境的基础上，营造一座成长于山地绿野之间、根植于地方记忆与发展脉络之中的现代园林书院。希望新校区带给师生的不仅仅是空间形象的记忆，更是浦城文化的总体意象氛围，传递着浦城的城市特质与人文内涵，促成一代代的学子形成共同的价值取向、心理归属和文化认同，从而更好地达到教育的目的（图 2-10）。

图 2-10 校园鸟瞰图

（图片来源：UAD 作品，自绘）

图 2-11 建设前基地情况（图片来源：自摄）

1）项目概述

浦城县地处闽浙赣三省交接处，是福建省最早置县的五个县之一，自古文风鼎盛。福建浦城第一中学作为当地久负盛名的学府，原初是由古老的浦城文庙改建而来，有着深厚的历史文化积淀（图 2-11）。

因学校发展的需要，新校区迁建至县城东北部的小山坡上，总用地面积 109302 平方米，总建筑面积 91400 平方米，建成后可满足 54 个班级、2700 名学生就读。

2）在地的设计初衷

基地中林木森森、曲径通幽，偶有古朴的石屋点缀其间，自然环境得天独厚。具有鲜明特征的自然环境会对校园的空间氛围产生强烈的作用[19]，漫步在山林间的小道上，感受着阳光和煦、树影斑驳，设计确立了尊重地形、尊重山林的基点。

通过对基地山形地貌的全面测绘，细致地对每一棵树、每一条小径都进行标号分类，据此了解基地的特征与属性，做到“认识自我（地形）”，从而为下一步“表达自我（校园）”奠定基础（图 2-12）。

[19] 何镜堂，郭卫宏，吴中平等．浪漫与理性交融的岭南书院—— 华南师范大学海院的规划与建筑创作 [J]. 建筑学报，2002(4):4-7.

图 2-12 现场踏勘对基地内的树木进行编号（图片来源：自摄）

设计充分尊重现有树木的生长情况。或避开大片林木生长的区域，形成自然庭园；或将建筑打散来围合大小不一的内院，环抱树木；甚至在建筑中挖出洞口，让参天的古树从建筑内部伸展出来。自然的绿意渗透到校园的每一个角落，成为一所真正与山林共生的校园（图 2-13、图 2-14）。

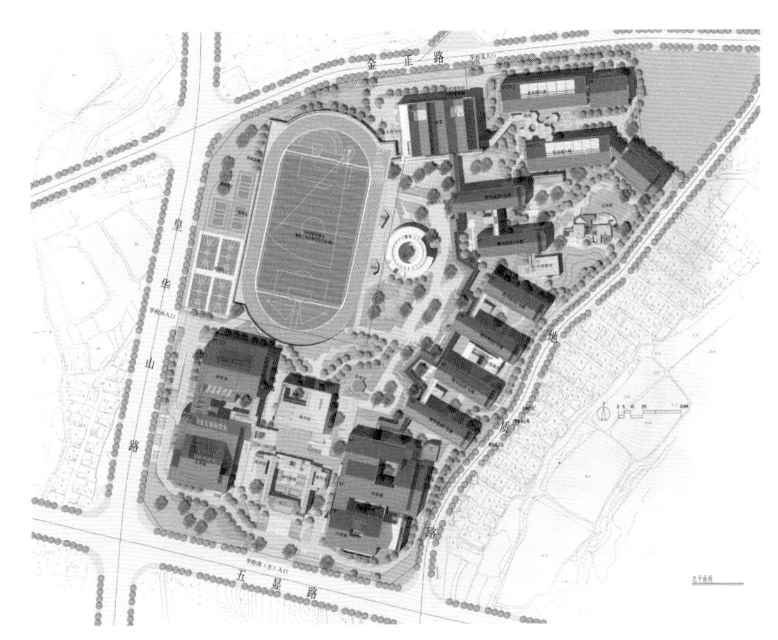

图 2-13 校园总平面图（图片来源：UAD 作品，自绘）

图 2-14 与山林共生的校园（图片来源：UAD 作品，自绘）

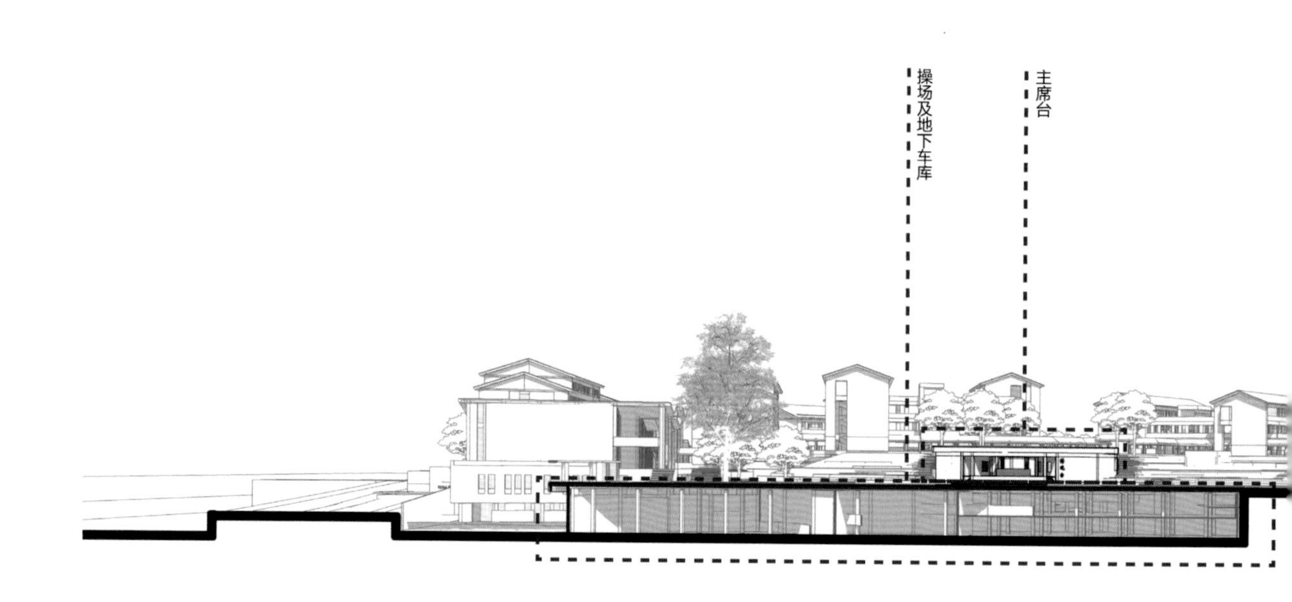

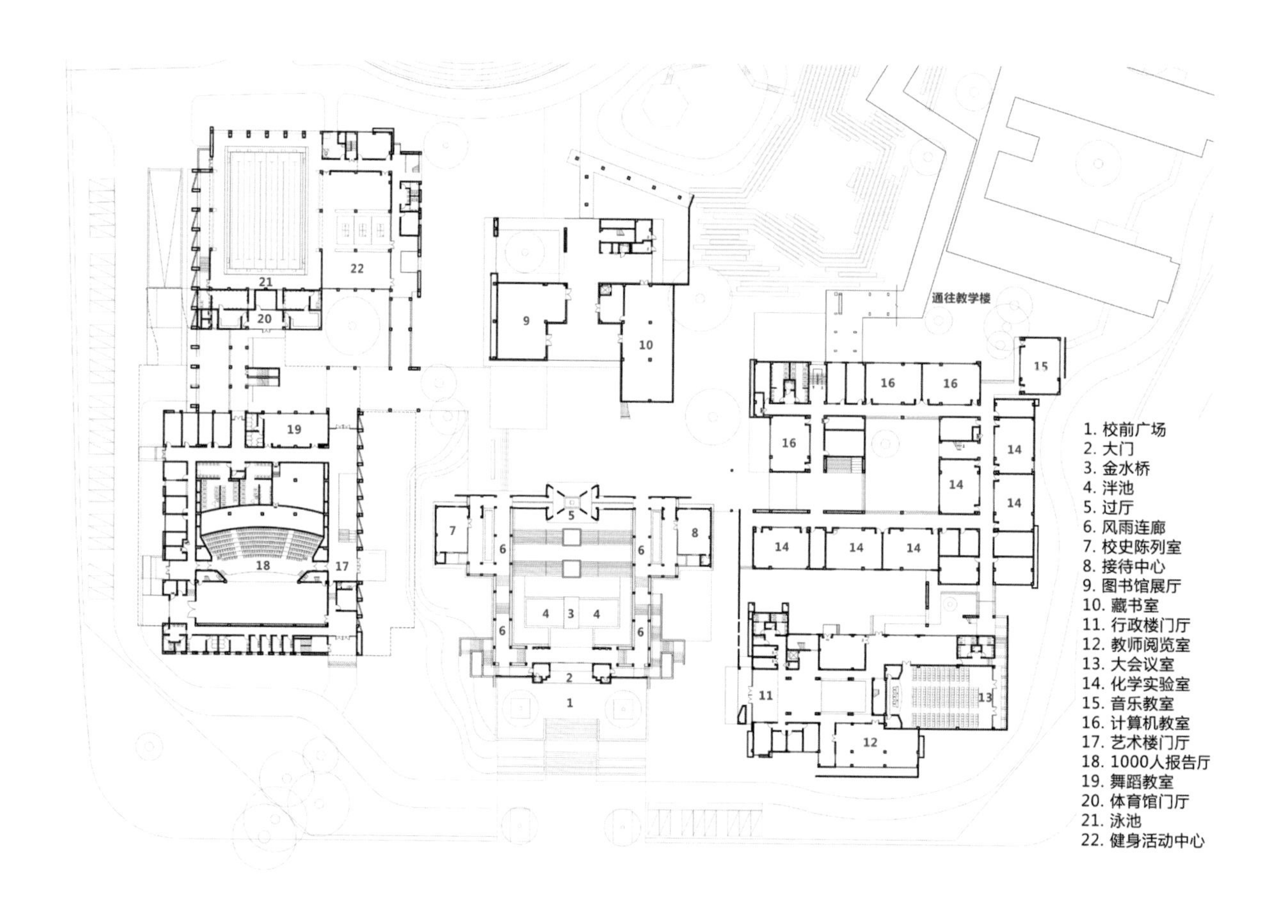

图 2-16 校园前区图（图片来源：自绘）

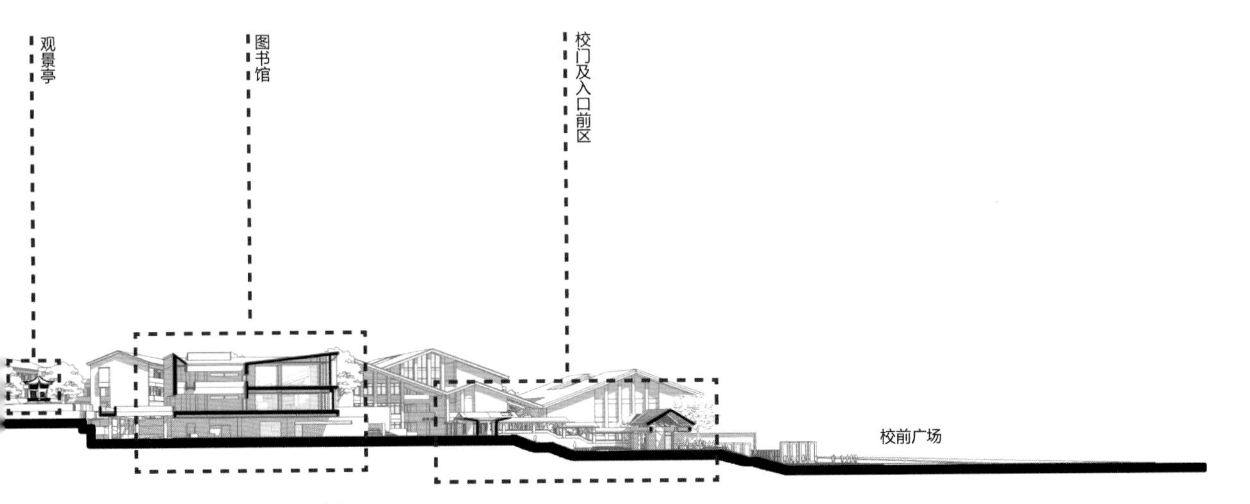

图 2-15 校园高差分析（图片来源：自绘）

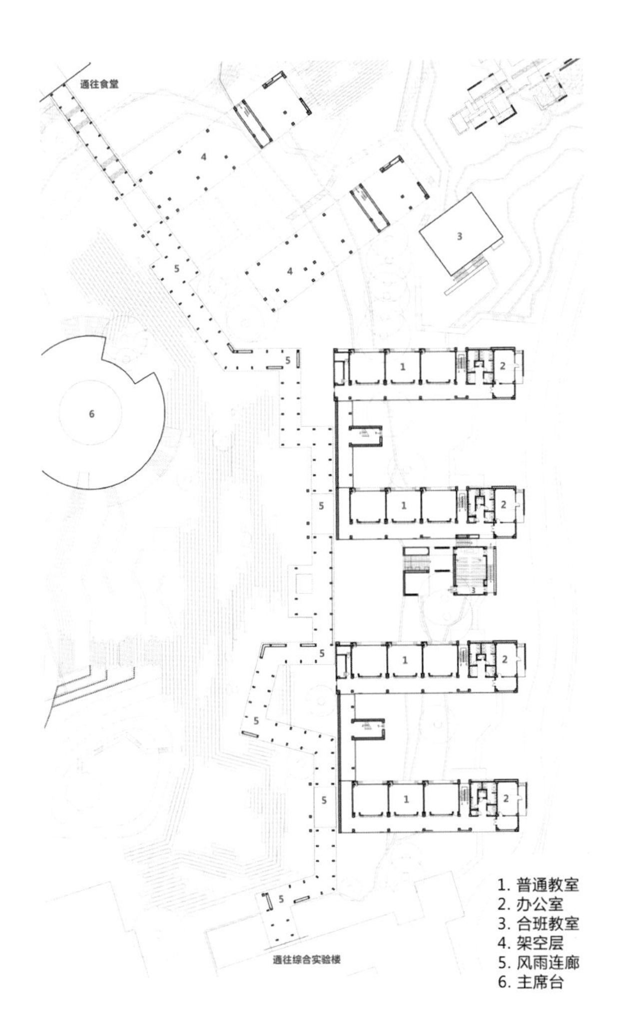

图 2-17 校园中部风雨长廊与教学楼平面（图片来源：自绘）

浦城所在的闽北地区以丘陵地貌为主，阶梯状地形明显，高差显著；当地民居顺势依山而居，形成独具特色的山居聚落；传统民居多呈院落式布局，采用石木结构，色调雅致[20]。这是新校区设计可以充分借鉴的地域建筑原型。

校园基地地势中部较高，东西两侧逐渐降低，最大高差达 10 米有余，地形较为复杂。设计顺应高低起伏的地形，让各个功能组团顺应地形有机生长；不讲究方整的轴线与秩序，只是根据基地原始地形地貌来生发建筑群落，顺山势形成步移景异、柳暗花明的空间效果（图 2-15）。

校园前区由南侧入口广场起，地面逐层抬高，以保留的小山包作为最高点和入口序列的收头（图 2-16）。中部场地西侧保留原有坡度，结合操场使坡地成为天然的看台；东侧为嵌入坡地之中的教学群组，各单体顺地势跌落，疏密得当、错落有致（图 2-17）。在北侧的生活区中，跌落的屋顶和彼此分离的体块削减了宿舍单体的体量，形成宜人的空间尺度。

---

20 王琼，季宏，张鹰等. 闽北古建聚落初探——以武夷山城村为例 [J]. 华中建筑，2015(9):168-172.

图 2-18 校园主入口透视图（图片来源：UAD 作品，自绘）

在整个校园中，食堂、体育馆、大礼堂和行政楼等大体量建筑则是采用体块分解和屋顶层叠的方式，使之在视觉体量上与其他建筑保持一致。建筑屋顶和墙面材质延续了闽北传统民居青砖黛瓦的古朴简雅风格，层层叠叠的屋檐掩映在古树之中，层楼复阁、曲沼回廊，给人以端庄内敛的视觉感受（图 2-18）。设计通过建筑组合来围合出高低相盈的空间序列，辅以独具匠心的细部刻画，营造出闽北山居聚落的意趣。

图 2-19 从操场向教学区的过渡（图片来源：UAD 作品，自绘）

3）使用者的关怀

对正在形成人生观、世界观的青少年而言，校园环境就像无声的课堂，对学生的健康品格起到潜移默化的作用[21]。校园景观建构遵循“人工自然化、自然人工化”的整体思路，强调空间的叙事性，“场景与仪式”贯穿在师生的校园生活与体验之中（图 2-19）。

校园内的每一处景观均以师生的活动场景为前提，加强使用者对于校园空间场所的认同感和归属感；另一方面，突出学校治学育人的宗旨，以富有仪式感的传统书院空间与现代校园空间相结合，让典雅的礼仪空间与充满自然野趣的自然场景发生碰撞，礼乐相成，秩序与诗意在此得以平衡[22]。

校园入口前区沿袭传统的书院格局。中轴对称的庭院内，古老的金水桥和泮池用高度概括的手法进行演绎，既保留了书院礼仪空间的文化感受，又与校园内的整体建筑氛围相契合。生活区的景观以草坡、池塘为基础，利用现有石头房子留下的部分墙体并结合门前的桂花树和水岸改做亭子，可贩卖茶饮小食，供师生休憩交流。古树、石屋、台地、荷塘，一幅秀而野、巧而朴的山居胜景跃然眼前（图 2-20）。

闽北地区气候湿润，雨量充沛，设计以一条风雨廊连接了教学区与生活区，宿舍、食堂、教学、行政功能被无缝衔接，方便师生全天候使用。风雨廊曲折蜿蜒，与建筑一起围合出丰富的院落空间，满足交通需求的同时也是师生活动的重要场所。

---

[21] 朱明 . 创造自然，物质，人文三位一体的校园环境：对开放式学校园规划及建筑的探讨 [J]. 华中建筑，1998 (3) :102-107.

[22] 李宁 . 平衡建筑 [J]. 华中建筑，2018 (1): 16.

图 2-20 生活区鸟瞰图（图片来源：UAD 作品，自绘）

4）山地校园的多维复合

山地建筑由于原始地形复杂，高差较大，为了尽量不破坏原始生态环境，减少施工的土方量，无法实现大体量单体建筑的设计，这为不同功能的复合带来了一定阻力。浦城一中采用功能碎化的方式，将一些面积需求较大的辅助功能空间碎化成若干个小空间，结合到单体建筑中，为山地校园的功能复合提供了思路。

- 读书讨论空间

中学生对于课外阅读和讨论学习空间的需求量较大，单一集中的图书馆往往难以满足师生的全部需求。校园在集中式图书馆之外，又在教学楼内，结合平面端部的放大空间设置了读书角，方便师生在课余时间借阅讨论。

- 合班教室

合班教室的面积较大，难以集中设置，设计将每个年级的合班教室拆分成单独的小体块，穿插在每个年级教学组团的底部和院落空间中，成为教学组团中的一个活跃元素，既方便了每个年级的师生就近使用，也能够和地形、景观相契合。

- 陈列展示空间

校史陈列和接待展示空间对面积的需求本就不大，且与教学功能的联系相对不是特别紧密，位置选择相对机动，设计将这两个空间结合校门前区的院落空间设置，营造独特的礼仪氛围，为礼制空间赋予更多的功能和意义。

由于校园内的单体建筑整体分布较为松散，难以设置集中的地下停车库，设计将其放在西侧的操场——整个校园内最大的平坦场地——下层，很好地解决了大量停车需求和复杂地形之间的矛盾。

5）小结

习礼大树下，授课杏林旁。校园设计并不复杂，因为其中无需太多的流程或要求；校园设计分量很重，因为这里蕴涵无穷的期待和希望。中学是一座城市、一个地区的重要文化载体，校园设计需对当地文化和自然环境进行有效的回应，从而让学生受到潜移默化的熏陶。

福建浦城第一中学新校区设计在尊重城市文化和基地环境的基础上，营造一座成长于山地绿野之间、根植于地方记

图 2-21 校园前区礼治空间（图片来源：UAD 作品，自绘）

忆与发展脉络之中的现代园林书院。希望新校区带给师生的不仅仅是空间形象的记忆、更是闽北文化的总体意象氛围，传递着浦城的城市特质与人文内涵，促成一代代的学子形成共同的价值取向、心理归属和文化认同，从而更好地达到教育的目的（图 2-21）。

2.3 本章小结

平衡建筑，人本为先。

在建筑设计中，关注到每个阶段所涉及的诸如使用者、管理维护者、投资者、当地居民等各类主体，体察他们表象之下的根本诉求，并在设计的过程中通过各种手段予以回应和体现，让建筑源于人本而归于人本。

宁波杭州湾滨海小学的设计同时考虑了儿童、教职工、家长甚至未来社区居民的需求，通过空间复合和功能复合的设计手段，在各个方面回应了这些诉求，使学校真正服务于人。

福建省浦城第一中学，首先尊重原有基地条件，建筑以一种顺势展开的方式介入丛林之间，使校园与环境浑然一体，宛若天成。这种在地设计的方式对周边环境破坏最小，施工建造技术相对简单，建成建筑与当地文化气质相符，就是对人本最为直接的回应。其次作为笔者之一的母校中学，策划与设计的诸多出发点都绕不开故乡的那些人，写这段文字的时候正逢己亥岁末，年关愈近，留存在记忆中的故乡与人，剪不断，理还乱，如同这江南的冬雨，点点滴滴，湿湿漉漉着……近二三年因为浦城一中新校区建设，多了不少需要回八百里外闽北山城小住几天的理由。亲人，师友，童年，青春记忆，这些不仅是过往一段时光，也是一种精神寄托，发生在过去，却依然长时间地保存在那头，可经常临了还是会有近乡情怯的小纠结。故乡于我，不仅仅是一张小小的车票，一个导航地图上的目的地，更是一摞摞长短不一的小往事，一群鲜活记忆里的亲朋好友。所有的这些需要无数次被唠叨，被怀念，被评论，被流传。犹如经典的空间只有被流连才能让新校园体现百年的传承，才表现出持续的感染力。既然真正的故乡或者当年的母校是肯定回不去了，只能是想办法用文字写下来，通过建筑场景呈现出来，此心安处方为吾乡，蓦然回首，家依然在枫岭关外……

任何一所校园都与林林总总的人有着千丝万缕的关联。体验建筑就是在体验美，占有美，是个过程，而不是一个最终结果，人与建筑之间更多是种动态的互动。人本是建筑设计的出发点，建筑绝不是天外来物，而是真正在当地环境、社会与文化背景滋养下开出的一朵灿烂的花。

万法皆轻，其重在人[23]！

---

[23] 董丹申，陆激，陈翔等.建筑设计的轻与重——浙江大学紫金港校区实验中心设计[J].建筑学报，2003,(9):31-33.

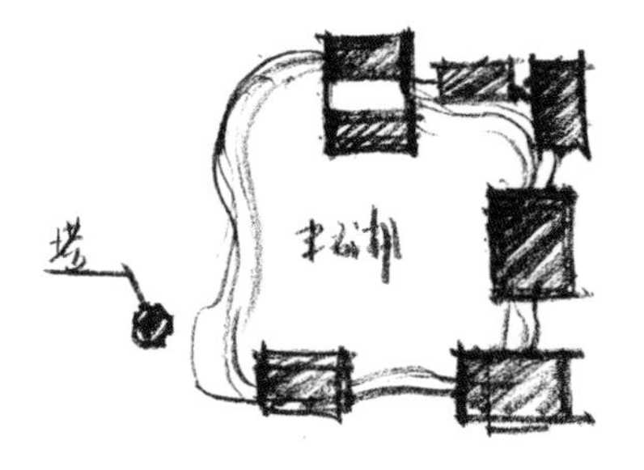
塔

第三章

动态变化：创新性

动态变化：创新性

动态变化——任何平衡都是暂时的、相对的，这是平衡的常态。与时俱进，打破旧平衡，构建新平衡；找初心，找设计源点，这才是创新的源动力。

3.1 动态平衡的阐释

动态变化（平衡）是平衡建筑的五大价值特质之一，动态意味着不稳定，意味着打破常规，意味着基于传统但又跳出传统的设计思维模式，其核心即为创新。

一方面，随着当代中小学创新教育理念的不断发展，需要具有动态性和创新性的中小学校建筑设计策略与其相适应；另一方面，如果这些前沿性、创新性的设计越来越多地落地并变成现实，则可以在实际使用中刺激和推动中小学教育理念和体制的不断改革。动态平衡理念是希望通过动态多变的校园设计策略，创造与功能相适应的创新型建筑空间形式，促进教育理念改革，激发校园活力。

总结而言，动态平衡既是一种设计理念，又是一种设计策略。本章从功能布局、组团模式、建筑空间和建筑形式四个方面对动态平衡设计策略进行阐释。

3.1.1 功能布局的动态平衡

中小学校是以教学功能为核心的建筑群，又包含了宿舍、餐厅、运动、办公等复杂功能，可以将其理解为一个独立自治的社区，一个微型的城市。

传统的中小学设计在整体规划层面，通常按照使用功能，在总图上将教学区、活动区和生活区分为三个独立的片区，三个片区之间彼此较为孤立，整体性不强。这样的功能规划简单清晰却略显粗暴，会带来一系列问题：教学、活动、生活三个区域之间步行距离过长，在交通上占用师生较多的时间；空间利用不高效，同一时间某一区域人数集中、某一区域却完全没有人气；整体规划结构松散、室外空间尺度过大、各功能区块之间缺乏联系。

1）平面功能布局的动态平衡

总图层面上，可以尝试打破原有三区鼎立的局面，将三个功能区块打散，形成数个次一层级的小功能区块，在保证功能合理使用的基础上，将公共性较强的活动和生活区块（风雨操场、食堂、办公等）穿插在体量较大的各个教学区块（小学部、初中部、高中部）之间，加强教学区块与生活和活动区块之间的联系，创造不同功能空间的交流；而私密性较强的功能区块（如宿舍）可以适当独立。这样的总图功能规划会使校园的整体布局更加灵活自由，也会提高学生学习生活的效率（图 3-1）。

而对于近年来越来越多的超大规模中小学校园，也可以将上述布局模式演变为“校中校”的功能布局模式：即将一个规模比较大的学校，划分为两个或两个以上的，既相互联系却又彼此独立的小型学校，这些学校或学习社区可以共享

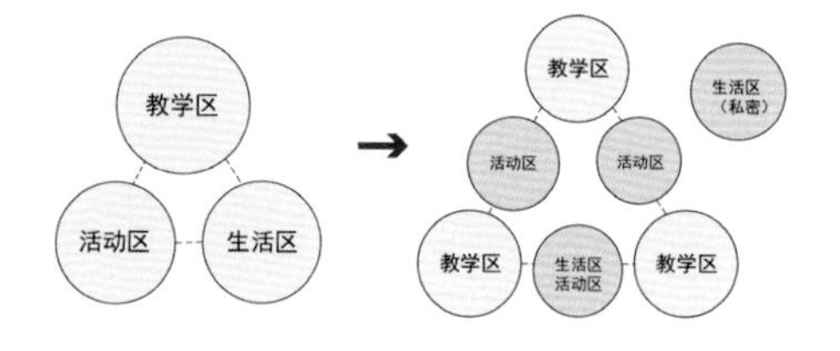

图 3-1 动态平衡策略下校园总图布局优化（图片来源：自绘）

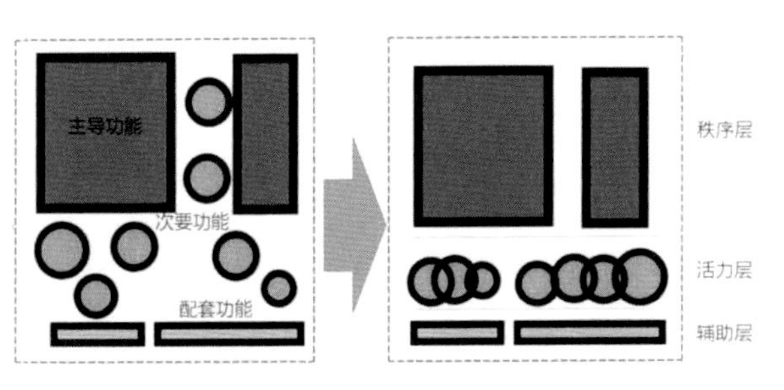

图 3-2 功能重组分析示意；大涌小学建筑形态（模型照片）

（图片来源：蔡瑞定，戴叶子．“三重式”设计策略在南方校园建筑综合体的应用解析 [J]. 城市建筑，2014.）

图书馆、操场、实验室、餐厅等公共设施。在“校中校”组团模式下，校园的空间利用更为高效，图书馆、餐厅这些共享的公共空间，既使得校园各个功能区块紧密地联系在一起，又促进了公共交流，提升了校园活力。

2）竖向功能布局的动态平衡

竖向层面上，尝试建立以剖面功能分区为主导的功能布局模式，把整个校园视为一个巨型的建筑，将自由度较高的公共生活和活动区域置于与城市空间相连接的底层，而将教学区和行政区等模块化、标准化的空间置于公共生活和活动区域之上，这样既节约了用地，又实现了功能之间的紧密联系，激发了空间活力。

深圳大学元本体工作室设计的大涌小学设计项目，采用了建筑师所谓的“三重式”设计策略[1]，很好地体现了竖向规划的整体功能概念（图 3-2）。学校的功能空间被垂直组织成上中下三部分：下部空间主要是设备用房、停车库、教工食堂等辅助用房，通过与场地一体化地处理方式，形成承载了中部和上部建筑功能空间的“基座”；而被称为活力层的中部则布置了校园内较为开放的功能空间如门厅、展厅、图书阅览和趣味活动室等，通过自由的形态和局部架空的处理创造出丰富多变的路径和空间体验；最上部则是单元化方正规整的教学区和行政办公，以两个天井为核心进行组织，理性秩序的形式逻辑与灵活的中下部空间形成了鲜明对比。

在具体的建筑设计实践中，往往要结合场地的实际情况和功能要求选择合适的整体功能布局方案，当设计用地较为紧张时，可以采用平面和竖向相结合的方式灵活进行功能布局，拓展设计思路，解决设计问题。

3.1.2 组团模式的动态平衡

前述的功能布局创新着重于整体的功能规划，而组团模式的创新则是在校园整体总体功能规划的基础上，着重讨论建筑组团之间空间关系的优化和提升。

1）校园综合体概念的提出

在一些中小学校园设计中，教学楼、宿舍、餐厅等往往被拆解为不同的单体建筑，彼此独立自治，缺乏空间上的整体性和统一性。为了加强各个空间组团的联系，在空间组织层面上，我们提出校园综合体的概念，即将整个中小学校园视为一个包含多种功能的综合体建筑，将不同的功能单体视为综合体建筑中的一个个功能组团（实体），再通过连续的公共空间（虚体）将这些功能组团串联。在校园综合体概念下，整个校园就是一个生气勃勃的巨型建筑，呈现出统一的空间逻辑和空间关系，其内部的各个部分可以高效便捷地相互连通。

---

[1] 蔡瑞定，戴叶子．“三重式”设计策略在南方校园建筑综合体的应用解析 [J]. 城市建筑，2014.

UAD 的校园建筑实践之一北大滕州实验学校就是应用“校园综合体”设计概念的一个典型案例（图 3-3）。在整体布局上，校区规划提取传统建筑布局形式，将一层抬起的共享空间挖出院子，形成前庭后院的整体布局，共享空间也将小学部、初中部、国际部和中心校园的艺术中心等单体紧密联系在一起。共享空间自然形成的二层平台之上，则被设计为可供师生共享交流、景观良好的绿坡，多种教学功能和方院空间通过二层的绿坡平台系统进行有机组合，构建了以富于变化的多重教学功能来灵活应对未来教育模式发展的校园教学综合体，在传统与创新之间找到了合适的平衡点。

校园综合体概念的提出打破了各单体分立自治的局面，是对传统校园空间模式的解构和重构。风雨连廊、室外平台等空间要素在校园综合体的组织中扮演着重要角色，如同纽带一样将各个组团紧密相连。

2）“虚”“实”组团的渗透

传统中小学校园整体设计往往采用较为死板、规整的静态空间布局，“虚”空间往往是实体建筑置入之后的剩余的边角料空间；同时作为“虚”组团的操场、公共活动空间等与作为“实”组团的建筑空间各自为政、缺乏空间联系和渗透。这样的组团空间布局缺乏活力，活动空间和教学空间不能彼此激发。

在动态平衡理念下，我们尝试以环境的限制（虚空间）作为设计创新的出发点，强调庭院、广场等外部空间的感受，使建筑与环境不再相互孤立存在，而是虚实相互渗透，形成一个整体。

图 3-3 北大滕州实验学校校园综合体（图片来源：UAD 作品）

将操场和建筑的设计整体考虑，尝试将操场置于校园空间的核心位置而不是边角料位置，操场可以成为建筑组团围合的中心或是被抬升至建筑的屋顶，与教学组团紧密相连。零壹城市建筑事务所的作品天台第二小学就以操场为出发点进行了独特的设计，将 200 米的跑道放在了教学楼楼顶，为学校增加了 3000 多平方米的活动空间，也促进了建筑内外空间的交融（图 3-4）。

将校园底层空间局部架空，使学生可以在校园底层畅通无阻，促进了底层“虚”“实”空间的相互渗透，同时创造更多的动态路径，提供不同公共活动发生的场所。UAD 的浙江大学教育学院附属中学（建成）设计中，设计结合底层的公共空间组团设置了层次丰富的架空空间，虚实空间联系紧密，学生可以在底层自由穿行，肆意探索（图 3-5）。

采用以“虚空间”为核心的组团形式。以中庭、室外活动场地等“虚空间”为核心组织建筑实体的组团布局，营造场所感，激发公共空间的活力；引入折线、曲线等建筑形式语言，营造动态变化的空间感受。在 UAD 的未来科技城第三中学（概念方案）中，设计通过建筑形体的转折围合出几个核心的院落空间，这些院落空间与架空层相结合，成为具有领域感的场所，师生们可以在这里停留，开展休憩、讨论、室外课堂等多种公共活动，“虚空间”成为校园生活的主角，提升了校园整体的活力（图 3-6）。

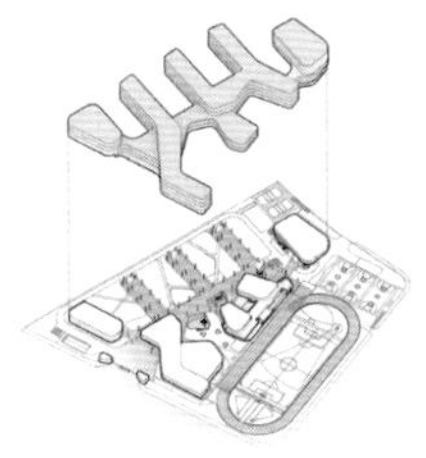

图 3-4 天台第二小学

（图片来源：阮昊，詹远 . 天台第二小学 [J]. 世界建筑 ,2015(3):153.）

图 3-5 浙江大学教育学院附属中学架空空间分析

（图片来源：UAD 作品，摄影 赵强）

图 3-6 未来科技城第三中学院落空间

（图片来源：UAD 作品）

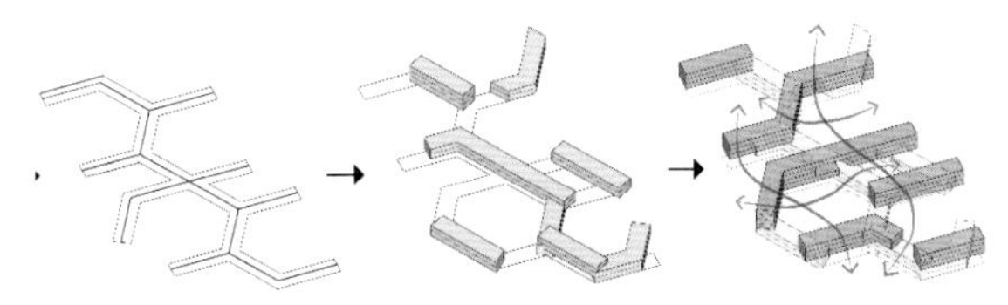

图 3-7 未来科技城第三中学图底关系生成分析

（图片来源：UAD 作品）

图 3-8 义乌艺术学校鸟瞰、透视图

（图片来源：UAD 作品）

3）组团图底关系的重构

由于教室朝向要求、空间使用效率、建造经济性等种种原因，大多数中小学校园设计采用“一”字形、“U”字形或“回”字形的组团图底构成模式，造成中小学校园建筑给人以千校一面的感觉，缺乏活力和创新，也不利于促进校园交往。因此，有必要通过对中小学校园组团图底关系的重构，打破这种千篇一律的组团模式，促进校园整体活力提升。

在目前国内的教学模式之下，一个教室是中小学建筑中一个最基本的空间单元，将这个基本单元按照一定规律进行组合和变化，其实可以创造出很多有趣的组团空间形态。基于此种理念，UAD 在中小学建筑设计和实践中也进行了一些组团模式创新的尝试。

未来科技城第三中学（概念方案）的设计首先从空间关系出发，考虑室外庭院的空间感受，以比较有围合感的六边形作为一个基本的空间单元，通过组合、变形、叠合等一系列操作，形成了最终有别于传统方正建筑组团的、具有趣味和活力的组团图底关系（图 3-7）。在理想状态下，这也是一种可以不断复制和生长的组团模式，为当今不断涌现的超大规模学校提供了一种可以借鉴的设计思路。

而在义乌艺术学校（在建）小学部的设计中，则是充分考虑了基地内原有的地形高差，最终形成了有如树木生长般的组团空间形态：“树干”是主要交往活动发生的阶梯平台，平台之下为学生共享活动空间；而一根根微微扭转的“树枝”则是小学部的各个教学楼、宿舍楼和综合楼。这样有机的组团图底关系在自然和秩序、感性和理性之间寻求了一种平衡，创造出丰富的公共空间，适合小学生的求知和探索（图 3-8）。

3.1.3 建筑空间的动态平衡

前文 3.1.1 功能布局的动态平衡已经从校园整体规划的角度探讨了创新型的校园整体功能布局，而建筑空间的动态平衡则是从单体建筑设计的角度研究功能空间组织的创新，两者的关系好比从城市设计到建筑设计，是设计的不同层级，但又有着一脉相承的关系。当中小学校园设计进一步落实到建筑单体的时候，建筑内部功能、空间的创新设计，显得更为重要，这不仅是设计的重要内容，更关系到人的第一感受。而建筑空间如何实现功能空间的动态平衡，将从以下几个方面进行阐述。

1）单体建筑的功能复合

- 平面复合

在一个区域内将多种功能进行交融和联合，通过功能的复合化来满足多元的整体功能。在对功能区的分析和研究的基础上，主要是教学空间、运动空间和生活空间的三者互相复合，使得教学空间具备生活性，生活空间里可以运动、健身，运动空间可以融入教学里，这样原本单一的空间形态便有了活力，各种活动和场景可以在其中展开。平面功能的复合是一个建筑设计空间丰富的创新源头，只有先将大的平面布局进行复合创新，才有后面更为精彩的空间创新（图 3-9）。

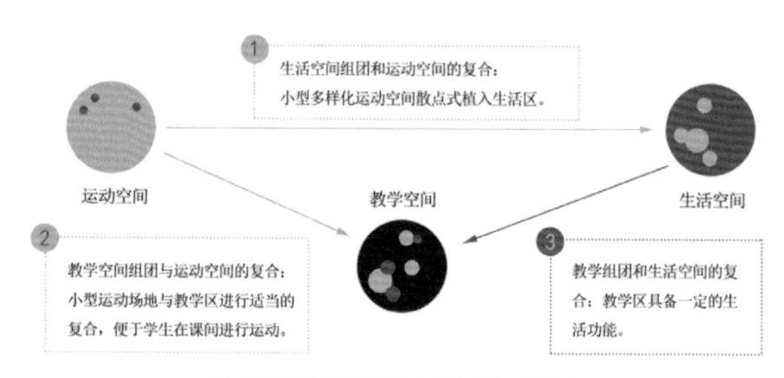

图 3-9 平面复合分析图（图片来源：自绘）

- 立体复合

借鉴“教学综合体”的设计理念，将功能空间在一栋单体建筑中立体化叠合。根据教学区、运动区、生活区的各自功能特点和动静关系，在竖向上进行立体化的空间叠合。如将体育运动、展览、文化休闲等活动置于建筑底层，主要教学区置于中部，行政办公会议等功能置于顶层等（图 3-10）。

对建筑底层和地下空间的处理是立体复合的重要手段。常见的做法是建筑物底层架空，一层地面尽可能留给学生，这里可以是学习的地方，也可以作为展览、绿化、休憩、运动的活动空间，营造开敞的空间感受；对地下空间的利用，主要是在解决了采光、通风的前提下，将体育馆、停车场、生活超市、餐厅、社团活动等功能复合其中，使得地下空间利用率提高，空间的自由度加大，实现建筑空间的动态创新。

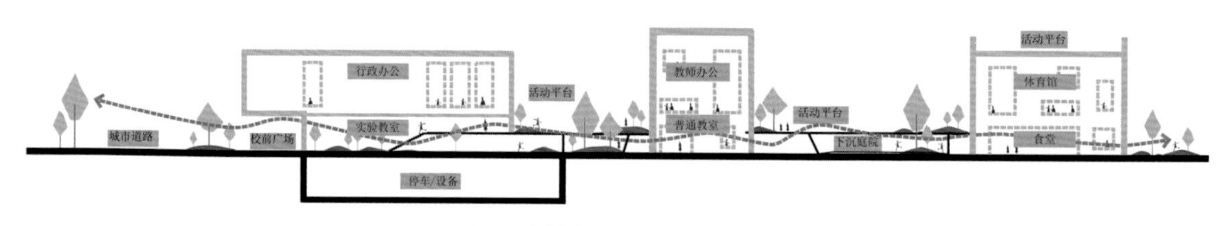

图 3-10 立体复合分析图（图片来源：自绘）

2）强调空间的灵活性和开放性

– 强调空间灵活性

使教学空间具有灵活性最直接的改变方式就是打破传统，中央区桌椅布置和常见的“排排坐”模式大相径庭，布置成不同规模的组，便于容纳不同年龄、兴趣的学生。他们可以自己组织成一个小组讨论学习，也可以请老师过来对他们进行有针对性的辅导[2]。

其次，可以在空间布局上做出改变，改变传统教室单调的空间布局，引入“教学群”的概念（图 3-11），即将 3~5 个自然班作为一个班级群，在此基础上搭建一个或多个功能多样性的教室，在教室中通过添加教学设备，同时满足一个“教学群”的共同授课[3]，促进综合性授课的同时，使得教学空间具有动态灵活性。

– 强调空间开放性

强调教学空间开放性也是动态创新的重要内容。比较常见的是将底层架空，二层平台相连的模式。教学楼一层尽可能作为开放区域，容纳展览、学习、交流、运动等活动，实现底层的开放性，同时，通过二层平台相连的方式，将校园内的主体建筑串联在一起，形成一个整体，从一个地方出发可以到达校园的每个角落，实现空间的开放性和整体性。

其次，共享空间的凸显。共享空间是建筑内部一个有顶的内庭院，在内庭院中结合碎片化的功能，创造出休憩区域的同时，扩大公共学习空间，促进学生之间的交流沟通，形成一个可以容纳更多活动的、开放性更强的空间。例如苏州科技城实验小学的设计中，在大屋顶的共享空间里，将碎片化的讨论室、小剧场等空间融合其中，使得空间的丰富性和开放性大大加强（图 3-12）。

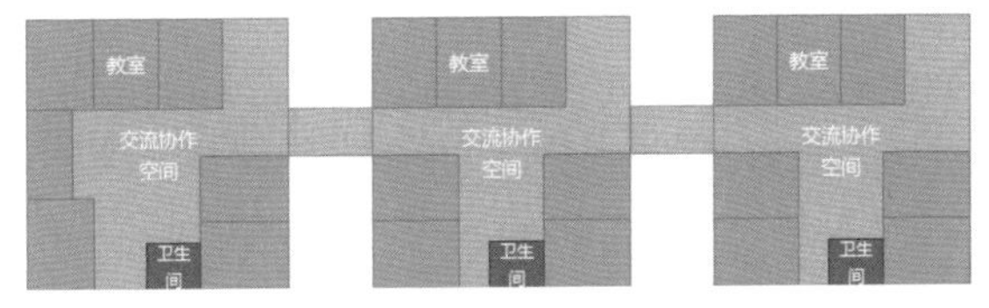

图 3-11 “教学群”模式分析图（图片来源：自绘）

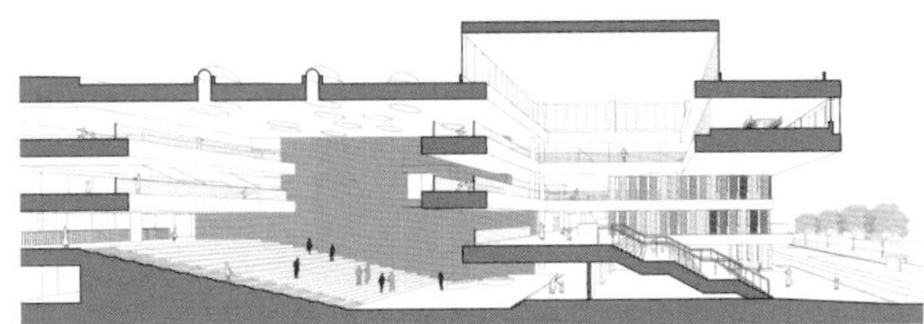

图 3-12 苏州科技城实验小学共享空间下的开放性

（图片来源：张斌，李硕．垂直书院——苏州科技城实验小学设计手记 [J]. 建筑学报．2017(6):68-75.）

[2] 陆激，周欣．读懂教育，设计未来——基于教育理念更新的中小学设计探索 [J]. 城市建筑，2016.

[3] 张俊．当前中小学教学楼建筑设计创新初探 [J]. 城市建筑，2015.

图 3-13 罗马当代艺术博物馆的动态空间

（图片来源：周术，余立，于英．当代博物馆演绎 - 漫步空间 - 的两种可能性——以德勒兹的空间思想解读 SANAA 与扎哈·哈迪德作品 [J]. 新建筑 ,2016.）

3） 空间自身的"动态呈现"

建筑空间设计领域出现动态倾向以来，无外乎具有两种设计倾向：一种就是追求空间的"动态性"，它是空间在时间维度上的单一切片；另一种就是追求空间的"动态性"，它是空间在时间维度上的变化显现[4]。

前者是随着技术进步、建筑审美提高、人对空间多样性需求变大而呈现出来的空间丰富性。在空间变得灵活、开放的同时，通过建筑操作的手法，如空间扭转、空间错层、形态扭动、色彩和材质强化等手段，创造出层次丰富、形态多变的动态空间体验，例如扎哈设计的罗马当代艺术博物馆，天马行空的空间设计，新奇、动态的空间形态成为方案的最显著的特征（图 3-13）。

空间在时间上的动态性则是表现在对既定空间的高效、灵活运用。在学校的动态空间设计中，可以设计或者预留一些教室空间或者公共空间，使用时的功能并不确定，既可以作为展示空间，也可以作为举办小型活动的场所，或者用轻质隔墙隔开，作为临时的教学空间。这种空间在使用上具有时间上的动态性，空间上具有灵活性，是空间动态性的另一种呈现。

[4] 陈宾．动态空间 [D]. 上海：同济大学 ,2008.

3.1.4 建筑形式的动态平衡

1） 继承与创新

建筑生长于特定的气候环境、风俗习惯和文化氛围中，不同地域的建筑呈现出不同的特征，这种特征可以说是建筑的灵魂。建筑形式往往离不开对原有地域文化的回应；其次，学校的建筑形式也具有历史传承性，一所学校的建筑文化可以使得离校者及周边社区居民产生强大的乡土认同，这是一种恋旧的心理，即“母校情结”，这种建筑文化随着时间的推移逐渐成为这个学校特定的形式语言，形式对母校的回应也变得很重要。

在当代学校的设计中，这种文化继承的问题渐渐演变成对“新与旧”、“传统与现代”的思考。地域文化、学校建筑文化都是一种人的感情归属，无论在什么时代，必然是设计中一个重要的组成部分。而平衡建筑之下，对传统的继承往往是持“求新”的观点。即使我国古代最经典的抬梁式建筑，在各个朝代也呈现出各种微妙的变化，于传统中创新。因此，形式的创新表达也是对传统继承的一种延续。

2）多样与统一

在平衡建筑理论之下，建筑的形式和内容应该是一致的、动态平衡的。功能空间和建筑形式是一种互相咬合的“榫卯”关系。随着人们的审美逐渐提高，建筑创作在满足基本使用功能的同时，应该提高形式创新的水平，但应该考虑整体的一致性，不过分强调夸张的表达力，使用合适的、适宜的表达方式，实现内外统一的建筑美。

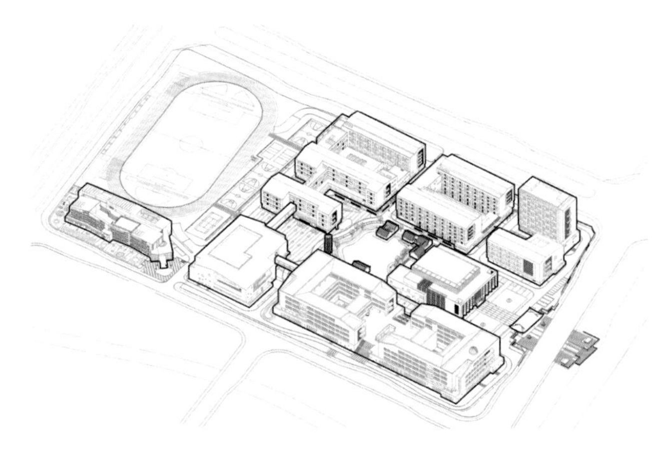

3.2 设计实践

3.2.1 北大附属嘉兴实验学校

如同鲁迅对百草园及三味书屋之眷恋，幼时求学往事会在一个人的记忆深处留下美好的痕迹。纵观北大附属嘉兴实验学校的整个建筑群，玄黑瓦面、素雅灰墙、青绿竹木，与池水中书斋的倒影和墁地青砖，共同构成了校园整体和谐的形象（图 3-14）。

图 3-14 校园大门（图片来源：UAD 作品，摄影 赵

北大附属嘉兴实验学校
爱国
科学

图 3-15 礼堂

（图片来源：UAD 作品，摄影 赵强

图 3-16 中学部入口（图片来源：UAD 作品，摄影 赵强）

1）项目概述

北大嘉兴附属实验学校选址位于嘉兴市国际商务区，基地东南侧沿河，地势平整，周边基础设施完善，总建筑面积 123289 平方米，是一所规模较大的综合学校。

北大嘉兴附属实验学校是北京大学和北大青鸟集团共同投资创办的一所集小学、初中、高中为一体的现代化全寄宿学校，其中小学 24 班、初中 24 班、高中 18 班，学校建成后可容纳 2500 名不同年龄层次的学生就学。作为一所一贯制学校，校园的设计需要满足不同年龄段、不同类型学生学习和生活的要求；而作为一个前沿性的国际校区，更需要为师生提供多样化、创新型的空间，以共享和交流为核心，促进学生综合素质的全面发展。

本学校设计的核心理念是打造一所“江南燕园”，在空间布局和建筑形式方面，南北文化元素的对比与融合充分体现了动态平衡的设计思想。一方面，致敬经典，体现北大精神：将北大校园总体规划中传承中国传统建筑神韵的布局形式发扬光大，将未名湖、博雅塔等标志物物化至本设计场地中，并采用经典的“北大红”元素贯穿整个校园；另一方面，传承文脉，延续江南水乡肌理：将园林空间及粉墙黛瓦、清新淡雅的江南元素融入校园设计中，使校园风格具有江南水乡特色。南北文化元素的对比为这所“江南燕园”带来了戏剧化的张力（图 3-15）。

2）总体布局动态：平剖面相结合

北大嘉兴附属实验学校集合了小学部、初中部、高中部，其内部功能是比较繁多、复杂的（图 3-16）。面对复杂的功能挑战和较为紧张的用地环境，在设计中摈弃了静态不变总图功能分区模式（教育、活动、生活三区分立），选择从剖面出发进行思考，创造出平面和剖面相结合的功能布局动态。

校园功能布局的核心无疑是三个学部的教学空间，如何处理教学、活动和生活三大空间之间的关系成为校园功能布局设计的重点。一方面，在总图关系的处理上，将三个教学组团打散，分立于校园的西侧和南侧，并将食堂、室内运动场等公共性较强的活动生活组团布置在三个教学组团之间。这些公共性较强的组团在校园西南角形成“L”形布局，与东北侧私密性较强的活动生活组团形成了一个围合与被围合的关系，既实现了教学、活动、生活功能之间的紧密联系，又保证了部分生活组团功能的私密性要求。另一方面，在剖面功能布局关系的考虑上，一个显著的特征是活动空间和教学空间在剖面上的功能复合。整体校园设计中看不到风雨操场、篮球馆的建筑单体，是因为室内运动空间被均匀分布于三个教学组团的底层和食堂底层，上部为公共活动平台。这样的功能布局模式既可以使大体量功能空间得以消隐，把更多的公共空间还给校园，又可以使各个功能空间之间紧密联系、激发整体校园空间的活力（图 3-17）。

总结而言，北大嘉兴附属实验学校的功能布局设计打破了功能分区的界限并引入功能垂直复合的理念，创造了更加动态多变的功能布局模式。

3）组团空间动态：校园综合体

北大嘉兴附属实验学校的组团空间并没有按照教学、活动、生活的功能区划分，而是按照空间的不同属性，以“L”形的公共性组团围合一个仪式感较强的点式大礼堂组团和私密性较强的宿舍组团。“L”形的公共性组团是校园设计的核心，在这里引入了校园综合体的概念：小学部、初中部、高中部和中心的食堂通过二层连廊整合成一个校园综合体，三个学部之间、三个学部到食堂的交通都变得便利。

校园组团布局具有多个层次。总体规划上借鉴北京大学的组团布局形式，在校园的中心区精心设计了一湖一塔，各功能组团以景观湖为中心布置；以礼堂、教学楼和宿舍楼为主体的建筑组团形式较为方正规整，每个组团以次一级的中心庭院为核心；而中心景观湖边作为第二课堂的“斋”有着较为自由的组团形式和迥异的建筑风格，成为这个规整校园中的动态空间要素。这种对比和反差是校园活力的一个重要来源。

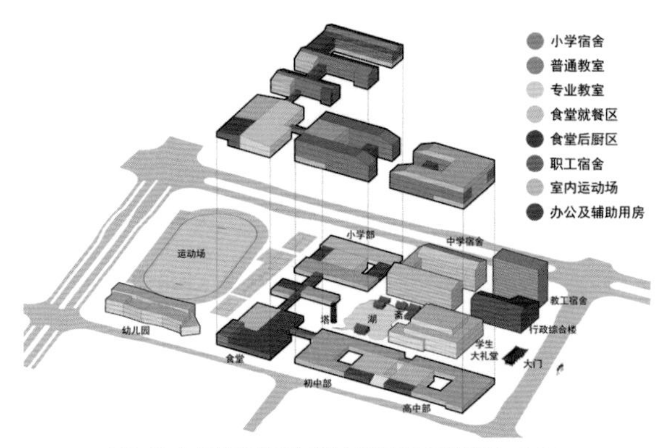

图 3-17 北大嘉兴附属实验学校功能分析图（图片来源：自绘）

在空间体验方面，从大门进入校园，正对礼堂，可以感受到传统校园空间的仪式感；但是随着行进路线的推进，绕至礼堂背后，则可以发现空间组织实际上是非对称、是自由多变的。中心的景观湖设计从江南传统园林中汲取灵感，综合运用了院落布局、借景、对景等园林设计手法以谋求园林式的诗意校园。各种要素独具匠心地置于某种视觉联系的制约之中，将人与建筑、建筑与建筑的关系表达得十分含蓄、婉约，师生漫步于这样的园林空间中，步移景异，可以感受到动态多变的校园公共空间。

4）单体建筑动态：教学综合体

从规划到建筑单体，教学综合体概念实际上对校园综合体概念的延续。从组团到单体，北大嘉兴附属实验学校的设计都遵循了功能空间混合的概念。

在小学、初中、高中三个学部自身的功能组织方面，每个学部内均设置了普通教室、专用（实验）教室、图书室、运动馆、教师办公等功能，从而各个学部自身均成为一个教学综合体，而不是被死板地划分为教学楼、实验楼、行政楼等（图 3-18）。在这种教学综合体的设计理念指导下，一座教学楼就成为一所小型的学校，师生在建筑空间、组团空间以及校园空间中，都能体验到丰富的不同层级的公共空间（比如教学楼里的图书角到组团的二层活动平台，再到开放的室外操场），而不是要到特定的几处公共场所才能进行交往与活动。比起建筑功能单一、公共空间生硬的传统校园，这种教学综合体的空间组织方式更能使人切身感受到校园的公共性和开放性。

在内部空间组织方面，空间布置的集中性使得空间使用的多变成为可能。在教学楼内部空间中，普通教室和专业教室在一栋楼内分区布置，现状的专业教室布置在顶层、底层和部分东西向空间，普通教室布置在中间层。随着校园使用过程中对普通教室和专业教室数量需求的变化，可以对部分的普通教室和专业教室进行功能转换，以满足新的教学要求。

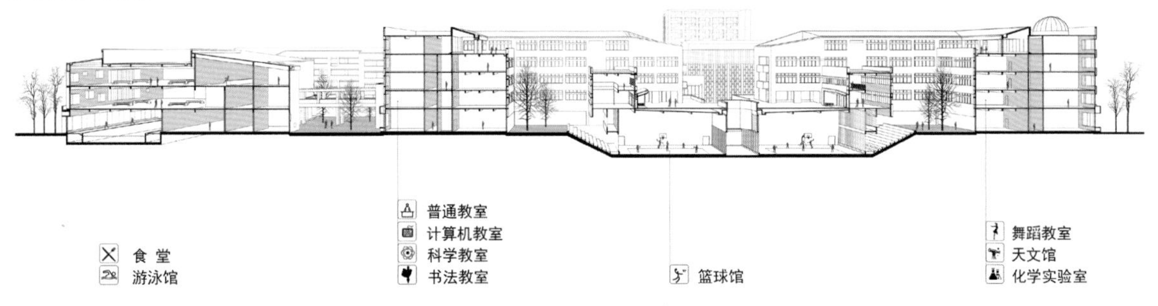

图 3-18 校园剖透视图（图片来源：自绘）

图 3-19 学生宿舍（图片来源：UAD 作品，摄影 赵强）

校园内的几处室内活动场也可以成为可变空间。位于小学宿舍和教室之间的小型运动馆，与教室联系紧密，可以充当讲座和班级集体活动的场所；而在初中部和高中部之间的篮球馆，是一处阶梯式下沉空间，有如一个开放舞台的小型剧场，为文艺演出和集体活动创造了条件。这种空间的动态转换使同一空间、不同时段的功能变换成为可能，提高了空间的使用效率，也为校园公共空间带来了趣味和活力。

5）建筑形式动态：传统与现代

在建筑形式方面，学校采用了传统与现代相结合的造型设计理念，对于不同的建筑组团采用不同的设计手法，又可以较好地彼此融合，充分体现出平衡建筑的特质。

作为校园中心标志性的礼堂是一个形式简洁的现代建筑；教学楼、宿舍楼等主体建筑的设计采用了具有江南韵味的灰色坡屋顶、白色墙面和木制格栅，但又结合了简洁现代的立面形式和手法，形式和内部功能相对应；而中心景观区的“斋”则采用了传统的坡屋顶和“北大红”的结合，制造对比与反差；湖边的景观塔参考了北大“博雅塔”的做法处理得更加轻盈灵动，既致敬经典又彰显了江南水乡特色。整体立面形式设计既不因循守旧、也不盲目创新，在传统与现代之间形成了一种平衡（图 3-19、图 3-20）。

图 3-20 活动广场

（图片来源：UAD 作品，摄影 赵强）

6）小结

总结而言，北大嘉兴附属实验学校的设计从宏观到微观的各个层面都体现了平衡建筑中动态平衡的设计理念，采用了创新型的设计策略。在功能布局方面，设计采用平剖面相结合的功能混合模式，打破了传统校园中教学区、活动区、生活区三者分立的功能模式；在组团组织方面，采用“校园综合体”的理念将各个教学生活组团合为一个整体；在单体建筑组织方面，采用“教学综合体”的设计理念，一个单体建筑便成为一个微型的校园；而在建筑形式方面，则是突出了形式简洁、现代感较强的礼堂建筑和白墙黛瓦、具有传统江南韵味的教学组团的对比，使整个校园具有戏剧性的张力。

图 3-21 综合中心内庭院（图片来源：UAD 作品，自绘）

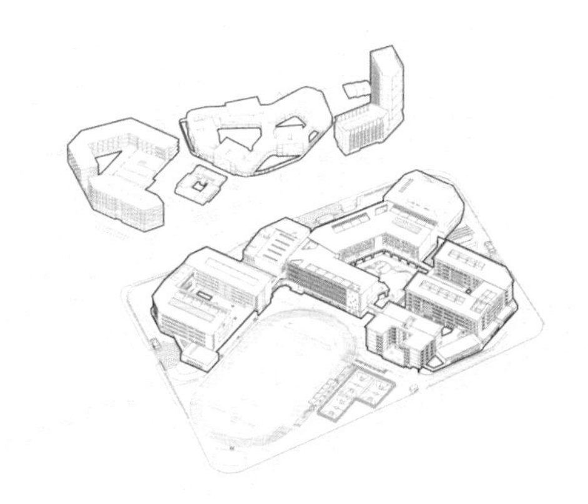

3.2.2 华东师大附属桐庐双语学校

通过感性的追求与理性的分析，既要求体现场所的诗情画意，更要追求功能需求和社会责任的统一。考虑功能的复合性、使用的多样性、空间的交融性和发展的可调性。集中国意蕴与世界元素于一体，用全球通用的建筑语言表达未来感，用场景的氛围烘托出东方韵味（图 3-21）。

1）项目概述

华东师大附属桐庐双语学校建设区域南北纵深约 460 米，东西向长约 460 米。中有白云源路穿过，将基地分为南北两个地块，场地内大部分用地地势较平整。学校用地面积约 156 亩，建成以后均实行小班化教学。主要功能有幼儿园 15 个班、小学 36 个班、初中 18 个班、高中 12 个班。在新时代文化背景下，华师大桐庐双语学校建设初衷是希望能在桐庐这个地方，打造一处孩子们的成长乐园，在富春江边建立一所具有时代精神的学校。

2）总体布局动态：因地制宜，富春学园

总体布局首先从尺度上与城市空间协调，从城市天际线和城市形象连续性角度进行建筑布局和协调，在周边的大丰路、瑶琳路、峙山路和规划道路上设置出入口，沿白云源路仅设形象出入口广场和公园。

因基地被白云源路划分为南北两个地块，基地形状虽然方正，但朝向与正南北成一个近乎 45 度的夹角，为整体的布局带来较大的挑战。

设计首先分析了每个学部的功能量，并结合南北区的用地面积、学生的生理特征和交通组织的可行性，将小学部、初中部以及可以共享的、包含行政、运动、演艺功能的综合中心布置在北区；幼儿园、高中部和教师公寓则因其相对具有独立性，设置在南区，并通过地下通廊，能较快到达共享区。

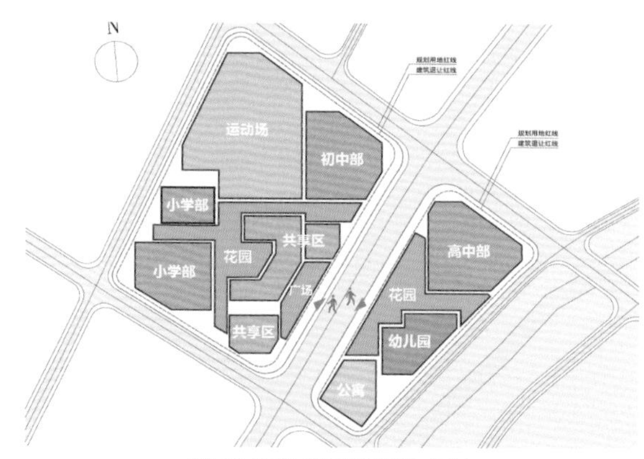

图 3-22 布局分析图（图片来源：自绘）

白云源路切分的基地，形成南北两个区，也成为影响布局的重要因素。北区的小学部和初中部东西相对布置，并有各自的独立出入口，综合中心结合了大量共享功能，成为北区的核心，布局以线性的“U”形，与小学部一起围合出北区的核心景观庭院。演艺中心因其功能的特殊性，设置在西南角，与运动中心一起，与综合中心共同形成合抱之势，塑造沿白云源路的主要出入口和礼仪前区，打造多维度的交流和互动，以内凹的形态呼应城市。

南区的教师公寓、国际高中部和国际幼儿园相对独立，在布局上注重互相之间的关系，既有咬合联系，又确保相对独立。教师公寓和国际高中部因其功能量和使用人群特征，以较为高大的形态呼应城市，幼儿园则以较为低调的形态散步在景观带和北区学校之间，对城市有一个完整的过渡（图 3-22）。

基地的形状、教室朝向和正南北的关系、操场的位置，以及划分两个校区的白云源路是影响布局的重要条件和因素。华师大桐庐双语学校的布局是在“因地制宜、动态变化”的大原则之下，充分对现状进行挖掘分析，在解决大矛盾（教室朝向）的基础上，打破常规轴线式校园，以自由变化的布局模式来应对设计挑战，同时自由的布局也体现了江南园林的特征，建筑与景观以一种自由的形态，表达了富春江边一所江南校园的特征。

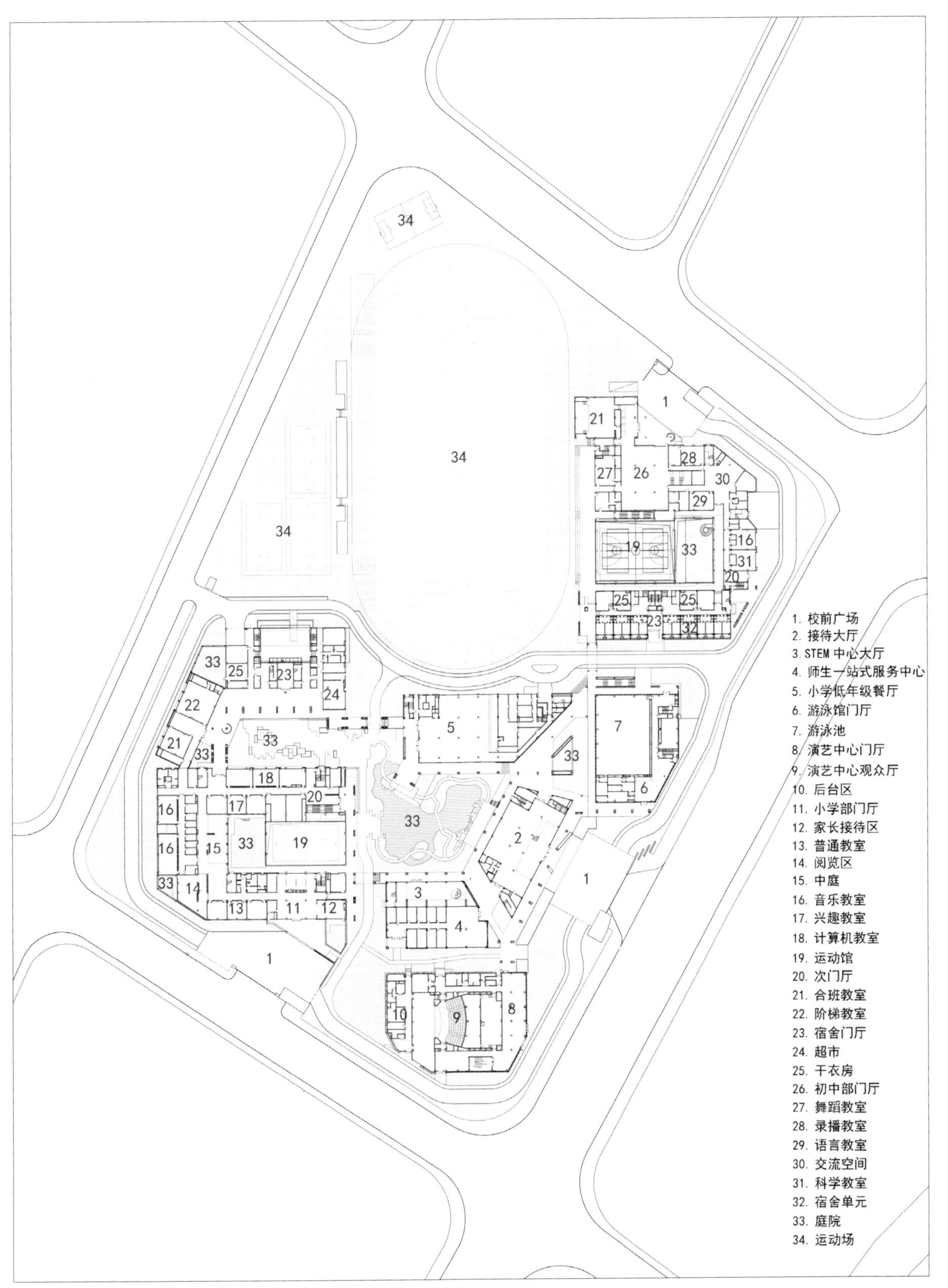

图 3-23 学校北区一层平面图（图片来源：自绘）

3）组团空间动态：校中校结合共享中心模式

华东师大附属桐庐双语学校的组团设计强调动态的空间布局，注重人的空间体验。实行校中校结合共享中心的模式概念。

北区组团以“一大三小”四个庭院串联起整个实体建筑体量。大庭院作为北区的空间核心，将小学部和初中部（校中校部分），以及综合中心、演艺中心、运动中心（共享中心部分）组织起来，通过底层架空和二层平台实现完整的交通联系（图 3-23）。

小学部的大体量细分为教学楼和宿舍楼两个体量，通过两个院落紧密联系，教学楼和宿舍楼之间的院落和核心院落似断似连，灵活多变；初中部因功能量相对较小，整合于一个“U”形的体量中，南侧为宿舍楼，与综合中心联系紧密，北侧为主要教学楼，内部以中庭组织空间。小学部、初中部组团都有自己完整的配套，组团本身就是一个微缩校园，校中校模式解决了大规模学校的分区弊端，提高了组团和校园整体的运行效率（图 3-24）。

南区的布局由于用地形状的狭小，呈现出灵活自由的特征，各个区块的功能联系紧密（主要通过地下），但是空间上实行隔离，满足功能使用的需要。

高中部位于南区用地东侧。由普通教学空间、功能教室、宿舍、餐厅和风雨操场等组成，建筑的围合形成开合有致的院落空间，高中组团以校中校模式实现自我供给和管理。

图 3-24 校园东入口（图片来源：UAD 作品，自绘）

图 3-25 教学楼外廊（图片来源：UAD 作品，自绘）

4）单体建筑动态：功能需求的动态平衡与创新

单体建筑设计注重功能空间的动态平衡。根据建设方的诉求和对不断进步的师生需求分析，进行创新变化。

例如教学综合楼创新地采用前后双廊的平面格局，不仅南向有南方常规的外走廊，提供遮阳的同时可以提供课间室外交流活动空间，内走廊的局部打开，结合教师办公室布置在教室北侧，还可实现老师和学生的即时互动（图 3-27）。双廊模式不仅保证了学生使用上的温度舒适性，活动空间也更为丰富，同时外廊在特殊时期也能起到提高空气环境质量的作用（图 3-25）。

出于对小学生的生理特征和成长模式分析，在小学部的寄宿管理问题上，宿舍布局也采用打破常规的“house”模式，即多个宿舍单元共同组成一个“house”，并配备专业的生活老师进行管理，这主要是考虑了小学生的行为方式进行贴心的管理，从生活上进行细致入微的照顾，保证学生的健康成长。在具体的设计中，是以三个宿舍单元共享一个客厅和卫浴设施，配备一名生活老师管理，生活老师就近有单独的宿舍，并能最快到达每个“house”（图 3-26、图 3-28）。

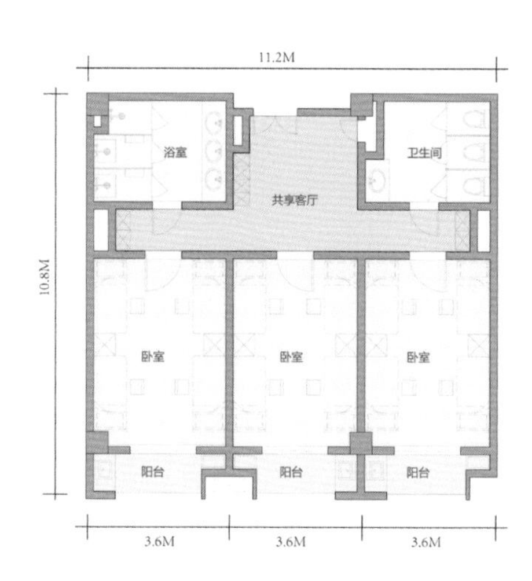

图 3-26 华东师大附属桐庐双语学校“house”宿舍模式分析图（图片来源：自绘）

图 3-27 教学楼内廊（图片来源：UAD 作品，自绘）

图 3-28 华东师大附属桐庐双语学校“house”宿舍模式效果图（图片来源：UAD 作品，自绘）

图 3-29 初中部中庭效果图 1（图片来源：UAD 作品，自绘）

图 3-30 初中部中庭效果图 2（图片来源：UAD 作品，自绘）

初中部和高中部均以综合体学部的形式将功能整合在一栋楼之中，用中庭的组织方式将各种活动空间并置在一起，实现空间丰富性的同时，缩短交通流线，实现组团内的独立交流（图 3-29、图 3-30）。每个学部都有单独的出入口和门厅，独立管理又互相联系。

5）建筑形式动态：江南韵味、华师隐喻

建筑形式上通过感性的追求与理性的分析，既要求体现富春江边的山水意境，更要追求功能需求和人文精神的统一。

建筑的形式首先与功能内外统一，形式是功能的外在体现，华师大桐庐双语学校的内在功能复合，使得建筑形态颇为丰富，因此外在造型的建筑手法处理上尽可能简化，以江南风貌的黑白线条为主，结合坡屋顶的形式，再现一种灰瓦白墙的简约江南建筑风貌。

其次，形式特征的进一步挖掘，是强调对华师大校园的风格延续，设计提取华师大老校园特征的灰砖元素，色彩上局部点缀，延续华师大的特色红，用简单的符号元素切题。主体建筑语言、色彩统一，通过简约灵动的形体和丰富的空间组合关系实现与富阳绿水青山整体大环境的对话（图 3-31、图 3-32）。

6）设计过程动态：内外平衡、互相协调

建筑工程设计是一项复杂的系统工程。设计过程的几个阶段所涉及的行业、专业和人都是多种多样、矛盾复杂的，如何协调过程中的矛盾，直接决定了设计的质量。而这些矛盾往往又是动态变化的，不断平衡矛盾，解决问题，是设计中一个非常重要的环节。

建筑设计对内，需要面对各个专业相互之间的配合，建筑师首先要对自我提出很高的要求，先把自己手中的工作做好，按时提给其他专业准确的图纸和设计要求，各个专业才能更好地完成工作；其次需要有统领全局的意识，协调各个专业的矛盾问题，在每次出现问题的时候，尽量以最小的专业改动，来实现设计的高质量，在出现大的问题时，能协调各个专业的配合，尽快解决问题并推进工作。

建筑设计对外，同样需要平衡各方的需求。例如对业主，满足他们的合理需求，对不合理的要求学会引导他们；对施工方，需要不断与他们进行沟通，在出现问题时能够协商，以最小的代价解决问题等。

在各种问题的碰撞中，会有各种矛盾和问题，而这种矛盾往往是在不断地动态变化中，建筑师需要换位思考，在互相理解的基础上思考问题、解决问题，以一种平衡的方式来推进设计的进程。

图 3-31 初中部组团（图片来源：UAD 作品，自绘）

图 3-32 小学部庭院（图片来源：UAD 作品，自绘）

7）小结

随着社会向前不断发展，我国的教育理念、教学方法较以往有了巨大的发展和提高，而这些都是教育建筑设计过程的内在驱动力。建筑师在关注教学需求的动态变化的同时，应适时地将其结合到设计创作中。想法在前，并引导建设方，共同努力，以适宜的创新设计实现对教学需求动态变化的应对。

华东师大附属桐庐双语学校就是呼应教学需求动态变化的案例。学生对课间活动场所的需求，以及老师与学生的互动需求，使得设计采用了“双廊”模式，改变了传统教学单元空间的呆板，延展了学生活动更多的可能性；对小学生生理需求的关注，催生了“house”模式的宿舍空间，共享客厅和独立的卫浴设施，居家的住宿体验和专门的生活老师不仅是对小学生的特殊生理的关怀，更很好地完成了从家到学校的心理过渡。

建筑的设计就是去回应建设者、使用者的需求，在这个过程中，既要以超前的视角去关注需求的动态变化，更要懂得如何去实现这些合理、适宜的设计，不断打破旧有的状态，塑造新的平衡，以动态的设计理念回应动态的需求，以动态的平衡策略应对各方的动态需求，才能有更好的设计理念、设计过程和设计结果。

3.3 本章小结

动态平衡是一种设计理念，意味着打破旧平衡、构建新平衡，创造“非标准化”的当代校园空间。动态平衡也是一种设计策略，可以从功能布局、组团模式、建筑空间以及建筑形式四个具体层面去解决固有的设计问题，提供崭新的设计思路。

本章以北大嘉兴附属学校和华东师大附属桐庐双语学校两个建筑实践为例，着重讨论了如何在校园空间设计中引入动态平衡设计策略，创造不同于传统校园的、具有多样性和创新性的校园空间。

与传统中小学校园相比，北大嘉兴附属实验学校的各方面设计具有其创新性，充分体现了动态平衡的设计观。在整体规划上，引入“校园综合体”的设计概念；在单体设计上，延续整体规划的逻辑，采用“教学综合体”的设计理念；在建筑形式上，则融合了传统与现代、南方与北方，具有动态多变的特征。

华东师大附属桐庐双语学校则是从关注城市、因地制宜的角度入手，由外而内布局，融入江南园林的空间特质。整体规划上采用“校中校结合共享中心”的设计概念，使整个学校是一个微缩的城市；单体设计注重空间的动态创新，“双廊”模式的教学综合体、“house”模式的宿舍生活空间，关注学生的成长等；建筑形式上不仅从细节上再现江南建筑的特征，更融入华师大的灰色、灰砖和典型水空间，延续华师大校园的精神内核。

“丹心未泯创新愿，白发犹残求是辉”。动态平衡是平衡建筑理念重要的组成部分，以创新性为核心，非盲目标新立异，而是根植于地域和传统，重构功能与空间，打造更为集约、高效、活力的现代化校园，在未来的中小学校园建筑实践以至于其他类型公共建筑的实践中都具有值得借鉴的意义。

吐故纳新，周而复始!

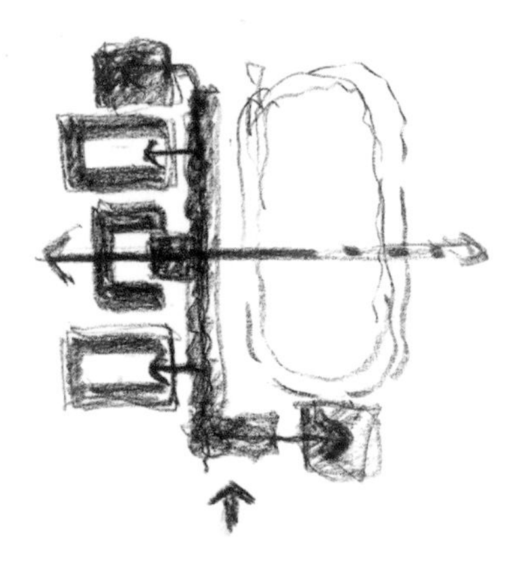

第四章

多元包容：容错性

多元包容：容错性

多元包容（容错性）——追求矛盾的特殊性与普遍性共存、共生。和而不同，跨界互动，这是由平衡的特征决定的。

合作、共享、共赢，是实现平衡的环境与条件。对于项目设计来说，这既是一种现实的存在，有时也是一种主动的追求与选择[1]。

4.1 多元包容的阐述

多元与包容一直是建筑理论的核心之一，也是建筑师在设计时所关注的重点问题。建筑学作为一门交叉学科，往往受到多方面的影响和制约，其属性也决定了多元与包容的特质。在平衡建筑的五大价值观中，多元包容更是体现在合作、共享和共赢三方面，也是“合一”的环境和条件[2]。

进入新时代的中小学基础教育，更应该是多样性、多元化。联合国教科文组织在《反思教育：向“全球共同利益”的理念转变？》（2016）报告中认为，共同利益的含义必须根据环境的多样性，以及关于幸福和共同生活的多种概念来界定。共同利益有多种文化的解读[3]。因此，中小学校园设计作为共同利益应该具有多元包容性，更需要做到“和而不同”。

“和而不同”则出自《论语·子路》，是指君子在人际交往时应当和睦相处，但又在具体问题上不必苟同对方。这种处世之道同样适用于当今的建筑文化，既“和”于国际化、现代化的时代背景，也具有“不同”的独特的地域风貌。

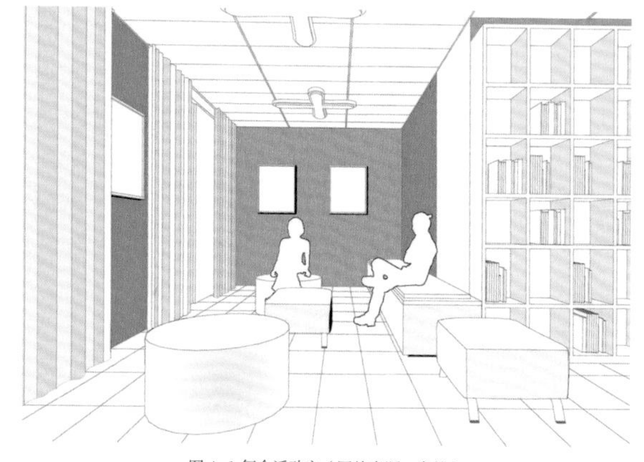

图 4-1 复合活动室（图片来源：自绘）

为了适应新的教学模式，所需的设计方法需要容错性，一个良好的设计方法可以降低犯错的概率，并且提升错误被解决的效率。在多元包容的平衡建筑价值体系下，各主体和而不同，跨界互动，也是各方面问题和谐地被解决的结果。

综上所述，多元包容既是一种建筑设计的策略理念，也是一种设计思想的价值观，本章从创新观念的多元性、形式组合的多样性、共享空间的多变性等三个方面对设计理念进行阐述，从传统与现代、人文与技术方面对价值观进行进一步阐述（图 4-1）。

4.1.1 创新观念的多元性

中小学教育理念的创新核心之一是多元化，它要求教学适应各学生的差异，强调教学内容的丰富性，培养学生思维方式的灵活多样，教学评价多元等。如今，校园规划设计的创新观念上也走向多元化，协调传统建筑文化的概念，吸收西方外来文化，对现代主义建筑形式多元重构。在面对场地更复杂的条件时，仔细推敲，因地制宜地多角度解决建筑布局问题。在面对业主更精细的诉求时，凭借多年项目积累的经验，多方面提供功能空间解决方案。

---

[1] 董丹申．走向平衡 [M]．杭州：浙江大学出版社，2019.

[2] 李宁．平衡建筑 [J]．华中建筑，2018，(1).

[3] 陈铭霞．联合国教科文组织教育政策价值取向发展研究 [D]．上海：上海师范大学，2018.

随着生活水平的提高，中小学生在校园中的生活也是多元化的，从单一的学习知识场所，到重视德、智、体、美、劳等全面教育，既增加在校活动的数量，也对校园生活空间提出更多的功能需求。设计者应为每一个校园空间“定制设计”， 使生活、学习空间具有人性化和更多活力。正是由其功能的综合化、形式的多选择、教学的多样化，使得校园设计创新朝着多元化发展。

创新观念的多元性有以下几个方面的特征：

1）综合性

在传统的校园中，教学楼、宿舍、餐厅等功能以建筑单体独立设置，彼此自治。随着人们观念的更新，校园更注重教学使用效率和生活舒适性，在各个功能之间增强联系，因此我们提出校园综合体的概念，设计满足各种学生需求的综合空间，它不仅是学习教育的场所，而且成为各类交往活动发生的场所。

UAD 的校园实践之一——杭州第二中学钱江校区学生宿舍楼是体现创新理念的综合性的一个案例，该宿舍楼不再是单一的居住生活功能，为了丰富学生课余生活，宿舍一层设复合活动室，是学生增进友谊的小天地，同时也是家长接待室，为来访家长提供探视空间，不必进入寝室内打扰其他同学。

图 4-2 国际交流中心二层屋面平台（图片来源：UAD 作品，摄影 章鱼见筑）

2）连续性

学生在校园活动行为之间具有连续性，例如学生希望下课回宿舍路上，能有休憩和嬉戏的地方，或者是上早自习路上能在幽静的水边晨读，或者是下体育课后能路过小卖部买饮料。这些生活、饮食、文体、交流等学生的日常生活，无不成为一个完整的连续的过程，校园创新设计应注重连续性。

杭州第二中学钱江校区学生宿舍楼考虑了校园生活的连续性，学生从教学楼返回宿舍楼途经国际交流中心二层屋面平台，多选择在此处小坐休憩或驻足远眺，从学习压力中解放出来，放松心情（图 4-2）。

3）适应性

创新理念的适应性体现对校园未来发展的考量，以适应学生的行为与心理为出发点，从教学规模的要求和水平为依据，这样才能保证校园空间的舒适性、宜人性和安全性。

图 4-3 湘湖公学概念方案（图片来源：UAD 作品，自绘）

4.1.2 形式组合的多样性

现代建筑理论的标志形成于芝加哥学派建筑师沙利文 (Louis Sullivan) 的 “形式追随功能 (Form follows the function)” 。但是，建筑理论发展到当今 的后现代主义 (Post-modern)，形式有时候就是功能。在中小学的校园设计中， 由于各个学校独特的教学风格与理念诉求，在一定程度上，形式也可以是建筑的功能需求。

无论形式怎样组合，应遵循美的法则——多样统一，这是在建筑设计中普遍、必然的共同法则。

连续的变化、多样的功能、统一的形式是校园设计的共同特征，在校园中集合各种活动，其内部的功能有着千丝万缕的联系，多元的功能带来相应的形。校园中各部分互相激发，带来积极的互动，带来整体大于部分之和的群体效应。随着教育理念的更新，校园从原来简单功能的静态封闭体系，走向多元综合的空间形式，变为特色的动态开放体系。

虽然中小学校园中的形式种类相对简单，但是其组合却呈现多样化，通过对比、变化、均衡、稳定、主从等手法，来获得校园整体统一感。分析校园形式组合手法和类型，可以发现以下几个主要特征 :

1）虚实相济

“埏埴以为器，当其无，有器之用。凿户牖以为室，当其无，有室之用。故有之以为利，无之以为用。”——《老子・道德经》

当代建筑师和理论常常引用老子这句话，意思是把建筑比喻为容器，其真正有用的是以实体外壳围成的虚体空间本身，建筑设计的文化根基是“实中有虚”。

中小学校园多数以群体建筑为主，以教学楼、行政楼等单体建筑围合院落，庭院与建筑一虚一实地巧妙组合，并结合场地特征，形成轻松、活泼的学习和生活氛围，从而形成一个有机统一的整体。通过曲折多变、步移景异的设计手法，将校园中院落营造出丰富的空间层次，给人以“庭院深深深几许”的心理感受，尤其在传统书院建筑的园林部分最为明显。

在设计实践中，从内部空间到外部形体，从细部装饰到群体组合，从里面开窗到设置实墙，应当处理好统一关系。我们常说“大虚大实”建立在这种统一的审美观之上。在“平衡建筑”的设计理念中，往往以动态平衡强调组合形式的均衡构图关系，以连续的过程中来看建筑形体和外轮廓线的变化。如果校园只有围墙和院落组成，没有重点或者中心，会使人产生松散感，失去有机统一性。

在杭州湘湖公学的概念方案设计中，以其相对简单的建筑形式，通过围合、叠加、设立等空间手法，组合出相互渗透的大小院落。建筑通过院落与周边湘湖的自然环境融为一体，营造出具有传统书院的严谨与自然和谐的活泼为一体的校园环境（图 4-3）。

2）轴线延展

在校园设计中，往往布局设计一条人为假想的轴线，所有的建筑沿着这条假想的轴线左右大致布置。这基于人对自身理解的自然哲学之上，也是自古以来人类聚居形式的共同特征。轴线并不代表一条直线完全对称，轴线也可交叉转折，使校园建筑群体组合富有变化，使建筑各要素形成均衡稳定的构图。

在传统的中小学校园设计中，常见的轴线关系为：入口空间（校门）—行政楼—教学楼—STEM 中心（包括体育中心）—学生生活区（宿舍及餐厅）。轴线功能的布置不是唯一的，往往根据实际的设计任务书进行调整（图 4-4）。

入口空间是校园对外的直接形象入口，考虑使用的安全性和学生的活动，设计校园与城市的衔接，与城市主干道需有一定缓冲距离。门厅作为交通枢纽，除了解决基本的人流作用，也可以扩展一些其他的功能，如接待、休息，扩大空间作为画展或是学校自己的临时展览空间等。

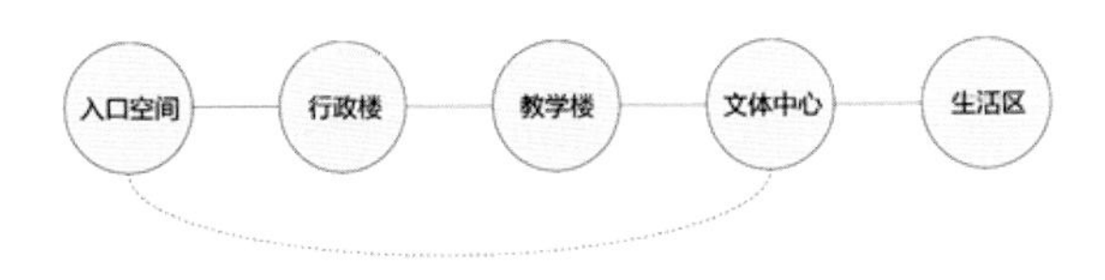

图 4-4 常见校园轴线（图片来源：自绘）

行政楼集中设置教工办公空间，有时与礼仪空间相结合，用来展示学校形象，也承担接待来客的功能。

教学空间是整个校园的核心部分，是师生活动最主要的场所，一般教学空间包括普通教室、专属教室、合班教室、阅览室、信息中心等。教学空间与各空间联系应方便紧密，有良好的交通可达性；同时要求具有安静的环境，尽量远离城市喧闹区。

STEM 中心和体育中心多为功能混合配套，具有较强的灵活性，可随着教育标准的发展科学灵活拓展为其他用途，亦可设置更专业的教室也助于素质教育，营造与其匹配的空间氛围，增加学生的学习兴趣和体验感。在浙江地区，当地政府提倡全面健身，常要求中小学体育设施在放学后免费向社会开放，因此往往把体育馆设置在离入口空间较近的地区，以方便市民使用。

生活区承载居住、餐饮和交往等功能，但由于现在中小学主要实行非住宿制度，中小学学生因自我管理能力不足，少量住宿的校园设计中也会采用非全周封闭制度，采用周末返家的形式，餐厅成为学生生活区设计的重点。现如今，校园中的餐厅已经不仅仅承担餐饮的功能，也是学生自习和交往的重要场所。

这些功能之间内部存在一定的关联性和逻辑性，往往以一定比例复合在一起，互相促进，在设计实践当中，也应遵循一些可观的原则进行功能复合和组合，确保最终的设计合理，空间有品质[4]。

[4] 朱兴兴 . 超大规模高中组团空间结构模式研究 [D]. 西安：西安建筑科技大学 ,2013.

图 4-5 浙江大学教育学院附属中学（图片来源：UAD 作品，摄影 章鱼见筑）

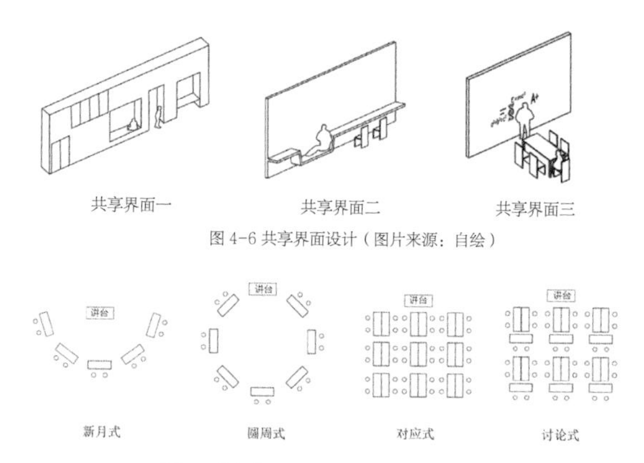

图 4-6 共享界面设计（图片来源：自绘）

图 4-7 教室的几种布置形式（图片来源：自绘）

4.1.3 共享空间的多变性

1）共享空间

共享的英文是 Share，来自古英语 scearu，含有切割、切削 (cutting) 的意思。相比于参与 (participate)，共享通常意味着一个作为原始持有者授予他人部分使用、享用，甚至拥有的行为。在空间层面，“共享”意味着人群对空间的组织、联合和使用。

在中小学校园中，共享空间往往是建筑内部的一个有顶的内庭院，可以有效地聚集人流、组织交通。复合共享空间是由零碎功能与共享空间的叠加，形成一个可以容纳多种活动的、多变的空间。

浙江大学教育学院附属中学的共享中庭，错动的中庭串联起竖向与横向的交通，从而创造出学生的交往空间，连续的校园空间在此发生并产生共鸣，让校园充满趣味与活力（图 4-5）。

2）共享界面

为了增加空间的趣味和使用效率，校园设计中提出共享界面的概念，开发墙面的功能，将非正式的学习功能与界面空间结合形成复合的界面功能，使得单纯分割空间的界面功能扩展，将二维的界面空间成为一个三维的空间（图 4-6）。

- 加大墙的进深，在墙上挖洞，使墙可以作为存储、展览、学习游戏、闲坐休息的空间。

- 在隔断墙上凸出一个条形的空间，根据不同的尺度可以作为学习的桌子或是椅子。

- 改变界面的材质或是界面的使用方式。如将传统墙面的材质替换为玻璃，作为简易的黑板；或多媒体与墙面相互复合。

3）适用多变

当今，走班制、兴趣小班制等更为精细化教学方法的出现，教育已然不局限于传统封闭的教室单元之中。在近几年的建筑实践中，例如北京四中、北京中关村三小等学校，在教室的外部增加功能多变的灵活空间，不仅仅是扩大式的走廊空间，其将对话式的学习与交通流动空间结合 [5]，从而鼓励学生间的交流和互动，激发了学生的好奇心和主动学习精神。

[5] 沈若宇，李志民 . 城市中小学校空间发展策略研究 [J]. 华中建筑，2018,(12).

教室也必须是适用多变的，声、光、热等物理条件需要根据教学需要进行自适应调整，因此在建筑设计的过程中，需要各专业协作，营造良好的物理条件。

教室的家具布置也必须是适用多变的。在足以容纳相应人数学生的前提下，教室的空间尺度、家具设计必须符合少年儿童的身心特性。在以往传统的应试教育和教室空间中，老师在讲台上讲授，学生被动地接收，课桌椅自然一律整齐地面向讲台。而在多样化的传授形式下，通过课桌椅的灵活组合可以创造教室空间的多样化，以适应不同形式的教学与生活（图 4-7）。

依据中小学少年儿童的群体行为，丰富的外部空间层次有助于学生人格全面发展。在平衡建筑的价值观中，创造多层次的合作与交往场所，让学生学会与他人交流、相处与合作，这也是共享精神的倡导[6]。这类场所包括知识树林、室外庭院、名人游廊等形式，用于供学生课余时间交流，进行学习和讨论，开展班会及兴趣小组活动，让学生养成共享的群体意识与共赢的协作精神[7]（图 4-8）。

4.1.4 多方参与的合作共赢

一个好的校园设计，一定是先沟通，思考后再做设计，并要与建设方和使用方进行充分的对接，才会让设计更有针对性，让投资者与使用者因共同参与而激发更多创意，校园从而才能具备成为优秀校园的潜质。

在当今的教育中，中小学生对实质空间的解读有深厚的潜在能力，在经过适当的引导之后，他们的空间理解力及想象力亦可以大放异彩。可见在传统教学中确实忽视空间教育的重要性[8]。

若建筑空间与使用者的关系程度不够密切，则参与的意愿与效果会降低，这是在实践上应注意的问题。往往是有教师认为任教学校所在的地区没有什么人文特色，或自认对地方的认识不足，潜意识中无法教导学生。这种因素造成家庭与学校之间、老师与学校之间、地区与学校之间难以形成长久共同的情感关系，这正是未来推动教育发展及校园设计所需突破的困难点之一。

建筑的整体观既是一种设计理念和思想，也是一种创作的方法。建筑实施的全过程，就是一个整体优化综合的过程，需要每一个部门、每一个专业、每一个环节协同配合，形成一个整体，才能实现预期的目标[9]。

6 刘志杰．当代中学校园建筑的规划和设计 [D]. 天津：天津大学，2004.

7 余治富．中小学校园景观设计的自然生态研究 [D]. 重庆：重庆大学，2012.

8 郭书胜．当代台湾中小学校园建筑及 21 世纪转型的新趋势 [D]. 上海：同济大学，2008.

9 李宁．平衡建筑 [J]. 华中建筑，2018,(1).

图 4-8 校园景观（图片来源：王玮，董靓，王喆．基于儿童需求的校园景观设计——以日本儿童校园景观设计为例 [J]. 华中建筑，2013,(11).）

4.1.5 传统与现代的和而不同

传统建筑形式遵循整齐对称、比例节奏和艺术性，而现代建筑中遵循多样有机统一的形式美，有机意味着建筑富有“生命力”，强化外部形式与内在功能逻辑联系，形成高度和谐、统一和多样的建筑环境。

中国的传统中小学校园可追溯到书院文化。书院起源于唐代，兴起于南北宋，是集人才培养、学术研究传播文化为一体，以讲学、藏书为特征的文化教育机构。经过长期的历史文化积淀和发展，书院文化形成现在的文教建筑，但与现代校园还是有差异的。

由于现代教育的发展，学校的功能发生了重大的变化，供奉孔孟的祭祀类活动在现代中小学校园已经淡化，产生了科技馆、实验楼、体育馆等新的校园建筑类型。传统书院的建筑大多为砖木构架承重，以传统的建造技术体现人文性，现出于环保和防火的考虑，极少校园中设置大型的砖木建筑，有时以亭、阁或廊等传统形式建筑加以点缀。

书院以单座建筑构成庭院，并以一定规律、规模组成各种形式的建筑群，在平面布局上往往左右对称、四面围合，营造出宁静致远的环境氛围，表达传统文化对知识的尊敬。在现代中小学校园中，延续了书院文化中严谨、理性、秩序的整体格局，更强调学生的成长和个性培养。所以，对于古代传统书院要有批判的继承原则，这样才能创造更好的现代中小学校园。

宁波江北城庄学校作为宁波著名的惠贞书院教育集团的成员，在文化上继承宁波书院文化的传统，传统书院的讲、学、藏、礼的功能在这里被解构和转化，抽象的院、馆、堂、轩、坛和台，配合现代材料的运用，让宁波传统地域文化充盈整个校园。黑白灰的整体色调、局部斑驳的灰砖和半透明青绿色的玻璃使建筑呈现出一种模糊的怀旧，隐约传达文化的传承[10]（图 4-9）。

北京三十五中学延续了北京胡同的地域文化和城市肌理。不同大小的院落与鲁迅旧居相互呼应，成为校园的基本秩序和主要基调，并与曲折的八道湾胡同一起形成了外边界相对规整封闭，内部空间错落起伏、富于变化的空间形态，特别是位于教学楼与鲁迅书院之间的狭长区域，一侧透过红色的中式长廊可以看到围合的庭院和景观水渠曲折地向北延伸，另一侧则是古建院落起伏变化的墙面，漫步其间，虚实相生，尤具传统街巷的韵味[11]（图 4-10）。

建筑的地域性还表现在地区的历史、人文环境中，这是一个民族、一个地区人们长期生活积淀的历史文化传统。建筑师应在传统中发掘有益的“文化基因”，并与当代文化结合，表达时代精神，使现代建筑地域化、地区建筑现代化，这是建筑师真正广阔的创作空间，是建筑师取之不尽的源泉。

---

[10] 董屹，崔哲．弥散的公共性 宁波江北城庄学校设计策略 [J]. 时代建筑，2013,(5).

[11] 邓烨．历久弥新——北京三十五中高中新校园设计 [J]. 建筑技艺，2015,(9).

图 4-9 宁波江北城庄学校（图片来源：董屹，崔哲 . 弥散的公共性——宁波江北城庄学校设计策略 [J]. 时代建筑 ,2013(5)：120-125.）

图 4-10 北京三十五中学（图片来源：邓烨 . 历久弥新——北京三十五中高中新校园设计 [J]. 建筑技艺 ,2015(9)：91-97.）

图 4-11 复旦大学新江湾第二附属学校（图片来源： TJAD 作品，摄影 马元）

4.1.6 人文与技术的多元共存

在建筑设计理论中，存在以福斯特（Norman Foster）为代表的“高技派”，建筑师大量利用高科技研究成果和现代的建造技术手段，突破传统的建造形式美，以追求极端的逻辑来表达技术至上的美学观念。

在中小学校园的设计中，往往不会过多地考虑高科技建造技术，但为了提高学生在校园中的生活质量，在夏热冬冷地区，常设置空调设备降温。如何选择合适的空调形式与处理空调室外机的摆放和立面细部的关系，是校园建筑设计中最为常见的技术问题。

复旦大学新江湾第二附属学校设计中，立面上采用水平遮阳构件，与分体空调室外机位的红色金属百叶组合形成节奏韵律，活跃了原本单调的外立面，使建筑更具亲切感（图 4-11）。

在中小学校园设计中，应重视地方材料和技术的应用，设计出正确定位，在体型、体量、空间布局、建筑形式乃至材料和色彩等方面下功夫，结合功能、整合、优选，就有可能创造出有地域文化又与环境共生的校园建筑。

4.2 设计实践

4.2.1 德清新高级中学

每一个建设项目，都是在不断探求平衡的成果。中小学设计中无论办学实质上，还是文化表态、教育形式、交流方式都是多元和包容的。从使用方要求出发，德清新高级中学必须要有国际气息和外域特征，当建筑师在思考时总避免不了地谈及地域文化（图4-12）。

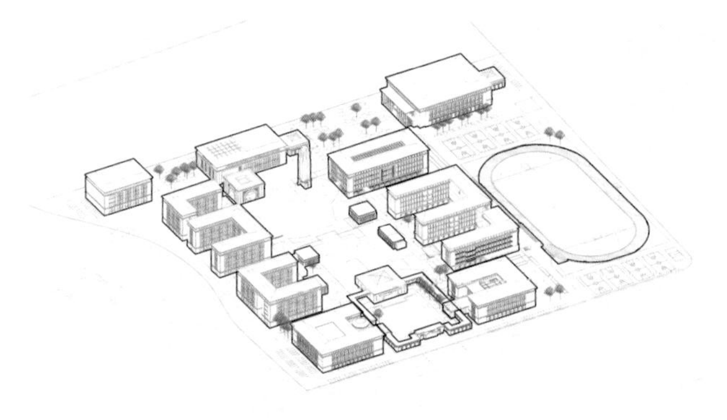

图 4-12 校园中的文化塔（图片来源：UAD 作品，自绘）

图 4-13 校园主入口效果图（图片来源：UAD 作品，自绘）

1）项目概况

德清县位于浙江北部，东望上海、南接杭州、北连太湖、西枕天目山麓，拥有中外闻名的莫干山等旅游资源，东部为平原水乡，中部为丘陵。

德清新高级中学项目选址于舞阳街以北、莫舞路以西、经济开发区拆迁安置小区以东区块。项目一期占地 180 亩、二期占地 94 亩。地块平整，西侧、南侧有自然河流环绕，交通便利，环境优美，闹中有静，是理想的办学场所。总建筑面积 106489 平方米。

本校园的设计核心是顺应趋势，应对未来的学校需求，建设一座有温度的校园。在整体风格上再现经典，完美诠释西式严谨理性的治学精神；在空间营造上潜移默化，着力营造传统经典的精英教育空间；在总图布局上因地制宜，巧妙营造理想舒适的校园环境。我们秉承建设一所高质量的学校，来推动德清高铁新城的教育配套发展（图 4-13）。

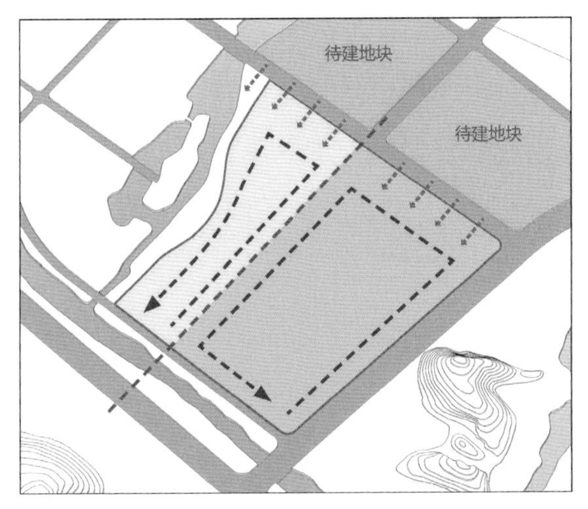

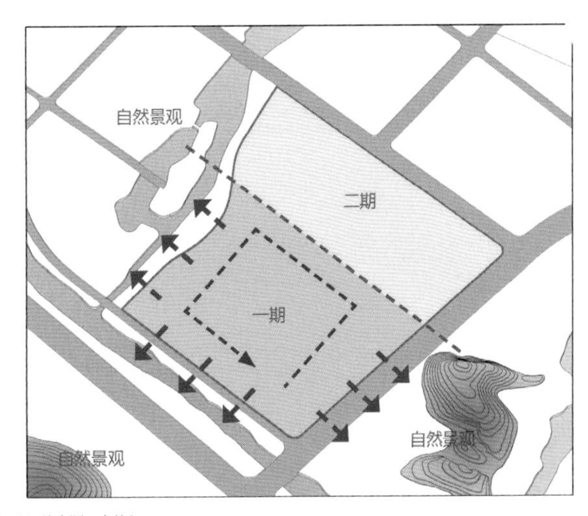

图 4-14 一二期分区布局选择（图片来源：自绘）

2）空间组合的多元包容

校园建设场地形状接近于方形，整体平整，东侧、西侧、南侧有自然河流环绕，有良好的自然景观，环境优美，闹中有静，是理想的办学场所。分期建设若采用东西分区，不仅会增加漫长的交通流线，而且受到北侧地块的不利影响，因此采用南北分区的设计策略。一期主体校园被放置在场地南侧，流线高效便利，自成一体，同时可享有周边较好的景观资源；二期属于校园，则被置于场地北侧，作为一期的延伸扩展部分（图 4-14）。

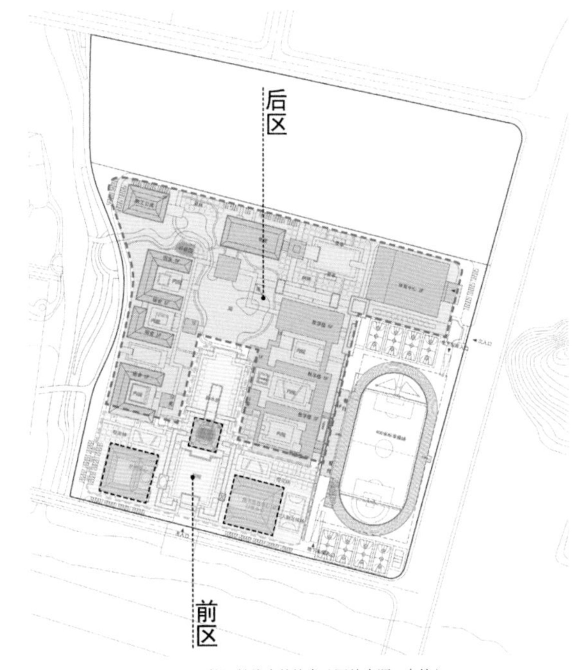

图 4-15 校园轴线中的礼堂（图片来源：自绘）

在一期的校园设计中，前区注重传承书院文化的礼仪空间，校门自身形式对称，与风雨连廊组成庄严而富有变化的轮廓线，象征着知识的大门。大讲堂、艺术中心、图文中心以品字形布局，营造出静态严谨正气的氛围。校园后区为教学生活区，空间组合结合自然景观，灵动自然，多样统一（图 4-15）。

校园内几个主要景观节点各具特色，校园核心景观区以自然水景和草坪为主，为师生提供宁静优美的学习及休闲环境。通过教学楼、宿舍与连廊之间相互围合形成七个庭院。生活区四个庭院以草坪和植物为主题，运用四君子“梅、兰、竹、菊”来命名。教学区的三个内院取意于校训“严谨、勤奋、求实、创新”，以此勉励学子追求高尚的理想。整个校园打造成独具特色的城市空间节点，莘莘学子漫步于草坡之上，宜学宜游，放飞他们自由的梦想。

校园文化塔的位置选择兼顾两个出入口的对景关系，高度高于校园内其他建筑，起到校园文化地标的作用（图 4-16）。

图 4-16 校园总体鸟瞰图（图片来源：UAD 作品，自绘）

图 4-17 校园轴线中的礼堂（图片来源：UAD 作品，自绘）

3）建筑功能的多元包容

秉承共享与多元的原则，在西式的经典校园中，往往在校园中心设计大草坪，并在四周设置校园主要的教学及行政建筑。在中心处是一个虚的草坪空间广场，而不是一座实的建筑物，反映了以人为本的理念[12]。图书馆往往设计在草坪的端点处，象征知识的伟大，以及知识的重要性，也明示出教育的目的是要培养出有学识的人。在本案的设计中，我们将讲堂置于校园核心位置，为校园树立庄重严谨的入口形象的同时，也便于同校园内其他建筑联系（图 4-17）。

有别于常见的校园建筑将服务核心配置在两旁的方式，本案将服务核心配置在轴线的中心处，形成校园的服务中心，以方便低、中年级能共同使用这些公共服务空间设施。图书馆、计算机科技教室、多用途活动中心、音乐教室、美术工艺教室等专用教室及行政空间也围绕在中心服务核心周边。

教学区位于校园核心位置，方便与其他功能联系，以学生活动为出发点，风雨连廊贯穿各个教学空间，教室空间与其他教学空间功能复合叠加，使交通联系更加便捷。

宿舍区紧邻中央核心景观，远离运动区，减少噪音干扰，创造优美的居住环境，让学生与自然充分接触，缓解学习带来的压力。宿舍区功能不仅仅是学生居住功能，设计采用底层架空的策略，设置洗衣房、夜间医务室、自行车库、仔细活动室、公共浴室等功能，最大程度方便学生的日常使用。

[12] 郭书胜. 当代台湾中小学校园建筑及 21 世纪转型的新趋势 [D]. 上海：同济大学，2008.

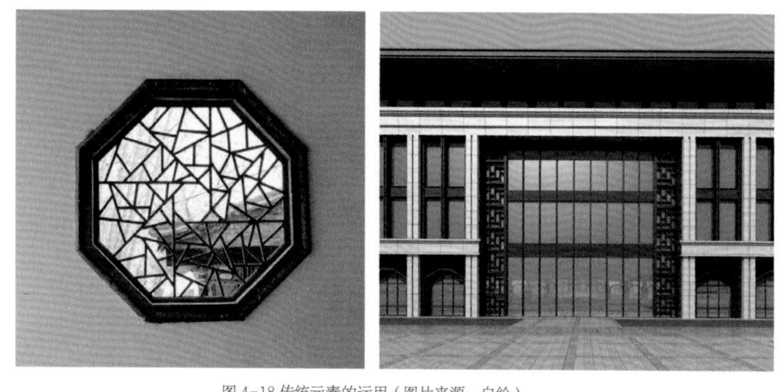

图 4-18 传统元素的运用（图片来源：自绘）

4）地域风格的多元包容

地域风格的多元包容体现在国际化风格与德清传统地域文化的融合，本案通过对建筑史上建筑类型的分析，确立了以“经典建筑”为造型出发点，建筑风格为古典三段式、简约欧式建筑风格，同时，为了能充分体现“时代感”和德清城市的总体定位，建筑的局部细节加入了具有地域特色的建筑元素，例如金属格栅使用冰裂纹、回纹、条纹进行装饰，建筑向外挑出的飞檐，创造出一个大气、经典并兼具现代感的校园建筑（图 4-18、图 4-19）。

学校以倡导 “博学而笃志，切问而近思”的学风，校园长廊设计以此为基础，形体本身被赋予两种性格，石材所表达一种沉稳厚重，传承老校区厚重的历史底蕴；钢与玻璃表现一种轻盈飘逸，表达当下时代新的教学理念和轻松学习氛围，让学校文脉绵延，生生不息（图 4-20）。

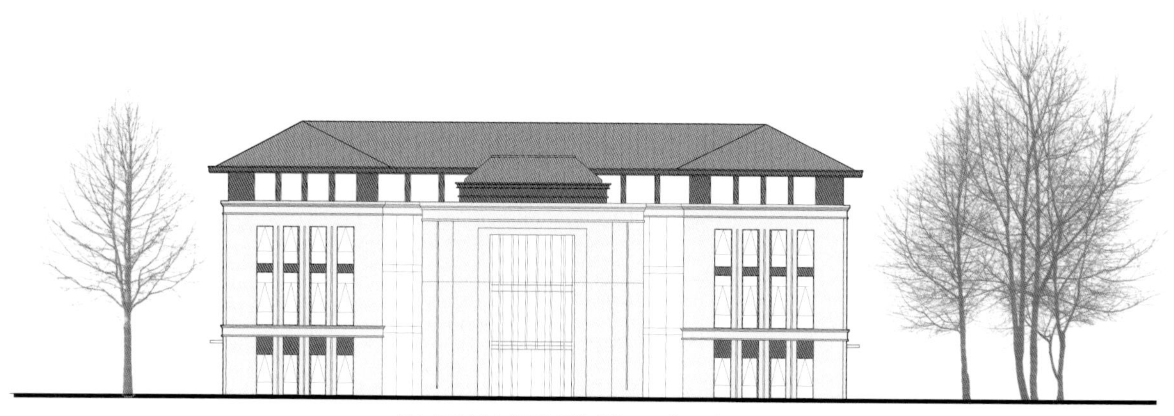

图 4-19 艺术中心立面图（图片来源：UAD 作品，自绘）

图 4-20 校园中的连廊（图片来源：UAD 作品，自绘）

5）小结

每一个建设项目，都是在各方面不断探求平衡的成果。中小学设计中无论建筑设计上，还是文化表态、教育形式、交流方式都应是多元和包容的。

德清新高中建设方的诉求是校园要同时承载国际气息与地域个性，这相当于是交给建筑师一篇比较棘手的命题作文。因此，平衡反映在传统文化的传承和传统造型的转译，也是多方面的折衷、取舍、提炼，在平衡中取不同探求过程的契合点。

在几轮的探索性方案设计中，从侧重现代感、淡化传统特征的方案到以强调柱式的“简约欧式建筑”为主体、强调传统韵味的设计思路，都经过了反复的推敲提炼，最终选取能体现创造与传承、多元与包容特征的平衡点，更是坚持平衡建筑设计观的结果。

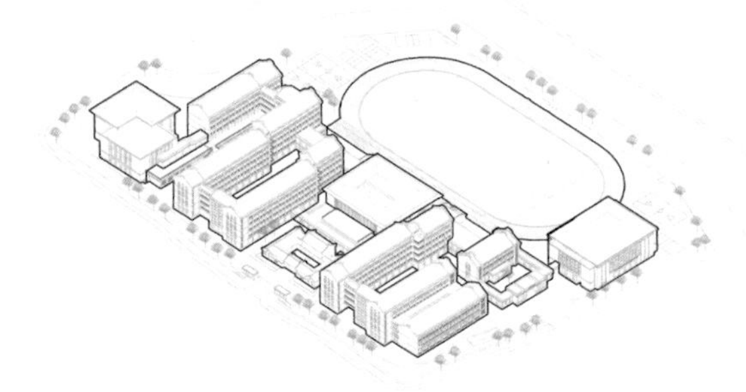

4.2.2 宁波鄞州钟公庙第二初级中学

校园中的地域文化表达并不是个性张扬或者仿古造旧，是对于地区建筑文化的仔细考量，是建筑文化元素带给学生的平易近人的亲切感，是体现中国传统文化与现代开放教育思想的融合。建成后的校园给人留下的印象并不是崭新的、一蹴而就的，而是呈现出一种地域感和历史感，仿佛校园就是生长于斯，历久弥新（图 4-21）。

图 4-21 校园入口鸟瞰（图片来源：UAD 作品，自绘）

1)　项目概况

鄞州区钟公庙第二初级中学项目选址于浙江省宁波市鄞州区钟公庙街道，项目总用地面积 57244 平方米，办学规模为 60 个班，能容纳学生 3000 人，模式为非寄宿制，是一所规模较大的综合初级中学。

宁波有着悠久的书院文化，曾诞生了以王明阳、黄宗羲为代表的众多学术大家，所形成的浙东学术文化至今仍有深远的影响。本案设计之初，即确定建设一座符合新时代教育需求的、富有识别性与人文性的，同时具有宁波本土特色的书院式校园，并确定了项目的核心定位为与古为新，复合多样，创造舒适安静具有书院人文特色的校园环境。

2）空间组合的多元包容

秉承最大程度上共享空间的原则，校园的规划结构采用“两区二轴一体”。两区即东部运动区与西部教学区。二轴为南北向和东西向各一条轴线，两条轴线均以综合楼大底盘为依托展开（图 4-22）。

南北向是以综合楼为基础的交通轴，由南至北依此为校门、入口庭院、行政综合楼、教学楼、图书馆和实验艺术楼，该轴线通过立体的交通空间创造丰富的共享廊道空间，用于学生课余的日常交往活动（图 4-23）。

东西向是以书院、报告厅、图书馆序列为基础的礼仪轴。体育综合馆、行政楼与实验楼三个重要建筑围合而成开阔的校前区；书院与南北翼的教学楼围合成“品”字形的礼仪前区。而图书馆则以综合体的方式介入，承担起连接各个区块功能的角色，使各区块相对独立又有机地联系着。

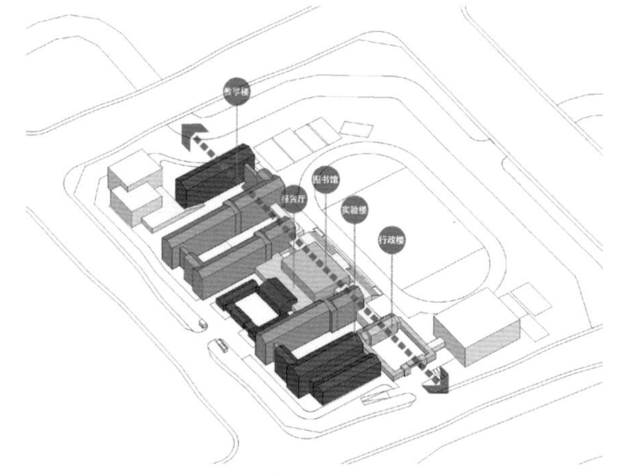

图 4-22 南北交通轴（图片来源：自绘）

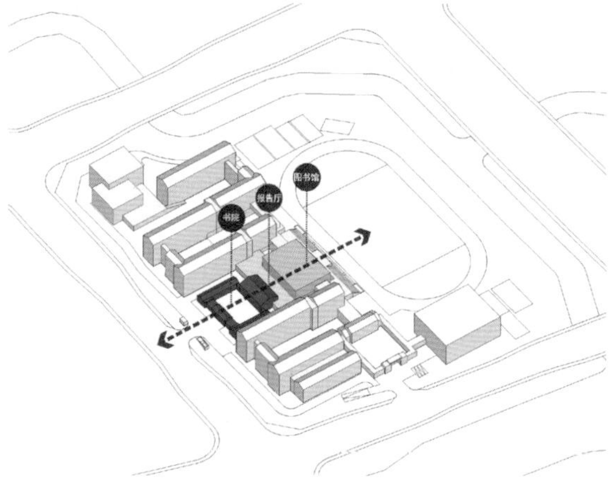

图 4-23 东西礼仪轴（图片来源：自绘）

校园整体布局取材于传统书院与园林中“庭”、“廊”、“园”、“圃”四个空间要素，并加以结合学校的功能进行转译。教学楼利用间距营造出庭院空间，并底层架空使庭院有良好的共享和可达性，庭院景观以四季绿化为主，整体创造出自然生态的教学场所。校园用地紧张，建筑布局紧凑，在空间组合中采用园林中“小中见大”的手法，通过礼仪庭院与教学区院落的串联，营造出具有围合感优雅的学习氛围，彰显钟公庙二中的书院气质。

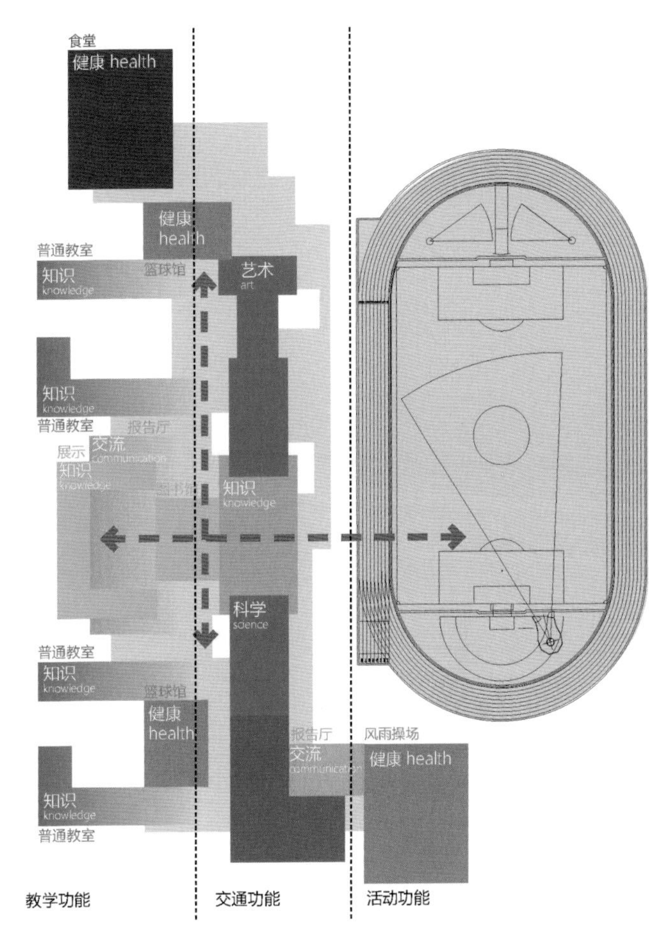

图 4-24 教育综合体模式（图片来源：自绘）

3）建筑功能的多元包容

为了增强校园空间的使用效率，公共区域与教学区组合为一个教育复合综合体，通过二层平台相连，便捷高效便于学生使用。普通教学楼、专业教学楼和走班教学楼之间采用平层联系，便于课间更换教室。在众多功能中，我们提取图书馆、研讨学习中心、书院和报告厅等这类公共性最强的功能单位，布置于两轴交界处，使其具有较强的必达性，让每个学生都能有效地参与多种活动（图 4-24）。

为了使教学模式富于变化，我们更精细化考虑教学空间的多样性，在校园中提供灵活使用的小型共享教学空间。设计学习岛，培养学生自我学习能力；设计室外阶梯，可用于校园文化表演；设计立体廊道，鼓励师生交流，创造愉悦、个性化的教学场所。

图 4-25 严氏宗祠（图片来源：自摄）

图 4-26 宁波邮政局（图片来源：宋吟霞. 宁波江北岸外滩近代建筑研究 [D]. 杭州：浙江大学 ,2018.）

图 4-27 宁波地域风格（图片来源：自绘）

图 4-28 书院入口效果图（图片来源：UAD 作品，自绘）

4）地域风格的多元包容

一提到江南，人们的印象便是“粉墙黛瓦”与黑白灰的主体色调，的确这是江南建筑典型的符号。而宁波的建筑不仅有“粉墙黛瓦”，更有许多“青砖灰瓦”的民国式“洋气建筑”，善园和宁波邮政局等建筑是其中的代表。

本项目与善园仅一路之隔，善园建造于民国早期，建造群规模宏大，格局完整，主要由严氏宗祠、严氏故居、严氏谷仓、严氏义庄等建筑组成，其中严氏宗祠为二进四合院式布局，大门左右山墙墀头的两侧做成了反八字影壁，彰显出宗祠大门的气派，砖料层层叠涩挑出，构成了优美的曲线（图 4-25）。

宁波邮政局始建于1927年，共两层。建筑采用砖混结构，平面呈“凸”字形，屋顶是四坡顶和人字顶的组合，外墙是青砖和红砖结合，立面带有爱奥尼克等古典柱式的装饰[13]（图 4-26）。

本案通过对中国传统建筑及宁波本土建筑类型的分析，结合近现代宁波开埠时期建筑风格，确立了以“书院传统”为出发点，体现宁波近代“民国”建筑风格特征、结合现代技术特点的当代“宁波风”建筑（图 4-27）。

书院在形式上和细部上，延续宁波天一阁的做法，以仿砖木结构最大程度还原浙东传统书院的气质。其位置设置在西侧校园礼仪入口处，突出校园的人文特色，同时起到校史馆和对外展览宣传的目的（图 4-28）。

---

[13] 宋吟霞. 宁波江北岸外滩近代建筑研究 [D]. 杭州：浙江大学 ,2018.

图 4-29 图书综合体（图片来源：UAD 作品，自绘）

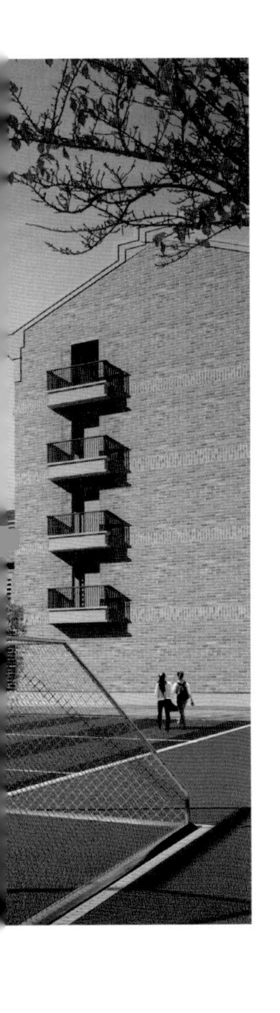

图书综合体布置在校园中心，含有接送大厅、报告厅、研讨自习室等，在交通上学生方便到达，能自主获取知识。在建筑风格上，将教学楼立面的装饰性细部提取抽象，以外挑的金属飞檐和横向格栅体现传统建筑特征，建筑形体采用体块穿插的手法，整体上给人以新旧交织的感觉，以实现历史与现代之间的微妙过渡（图 4-29）。

在方案设计之初，选材使用大面积青灰色面砖，局部加以红砖点缀，色彩上呼应宁波书院风格。方柱、栏板等建筑细部采用灰色涂料，建筑形象整体沉稳大气。屋顶则大部分采用深灰色平板瓦，局部采用金属板瓦和小青瓦，结合传统木构件，营造出浓厚的宁波书院氛围。

设计施工落地阶段，使用方出于安全和经济的考虑，青灰色面砖改为较难脱落的仿面砖涂料，但是建筑师还是坚持了最初的选择，重点局部区域采用原有方案，例如书院外墙还是采用清水砖材料。

图 4-30 校园总体鸟瞰（图片来源：UAD 作品，自绘）

5） 小结

在鄞州区钟公庙二中的项目中，为了创造出文化感和时代感并存的浙东书院气质，在建筑山墙面、门窗和柱式上使用宁波开埠时期的民国风的装饰，从建筑细部到整体布局上对书院文化进行传承，结合走廊、庭院和建筑材质进行创新，体现严谨大气的设计思路，探索一条对于地域风格建筑设计的新思考（图 4-30）。

设计出与地域化文化相包容的建筑形态，也得到教育部门与使用方的认可，校园中的地域文化表达并不是个性张扬或者仿古造旧，是对于宁波地区建筑文化的仔细考量，是建筑文化元素带给学生的平易近人的亲切感，是体现中国传统文化与现代开放教育思想的融合。

4.3 本章小结

与过去相比，中小学校园的建设需要更多地关注单体建筑之间、组团和组团之间的相互关系，寻求出符合现代校园要求的新的规划布局模式和建筑设计新理念。新时期对教育本身提出了多元、开放、多学科相互融合和跨界发展等多重的、更高的要求，学校建筑在规划布局、建筑形式、管理模式和教学生活方面都必然较传统的学校发生了很大的变化。

多元与包容是当下时代的主体之一，而建筑的多元地域性是建筑赖以生存的根基，是在特定的环境中寻求特色和适应，其本身就包含地区人文文化和地域时代特征。综观世界上许多优秀建筑的创作，综合考虑建筑的多元和包容[14]。我们认为，多元包容应有几个层次：第一层是要合理地满足多样的功能，第二层是在多样的文化与风格的融合中解决功能，即赋予功能以逻辑和美感，第三层则是在满足前两点的基础上赋予空间以灵魂，即空间的精神。

作为中国当代建筑师，更应该肩负时代历史使命，承担更大的社会责任，让校园实现文化育人和环境育人的有机结合，并由此最终达到“来自于传统，但又高于传统”的设计境界。在建筑设计中体现地域文化的自信，并创作出更多有中国文化精神的现代中小学校园建筑。

海纳百川，有容乃大！

[14] 阎波．中国建筑师与地域建筑创作研究 [D]. 重庆：重庆大学，2011.

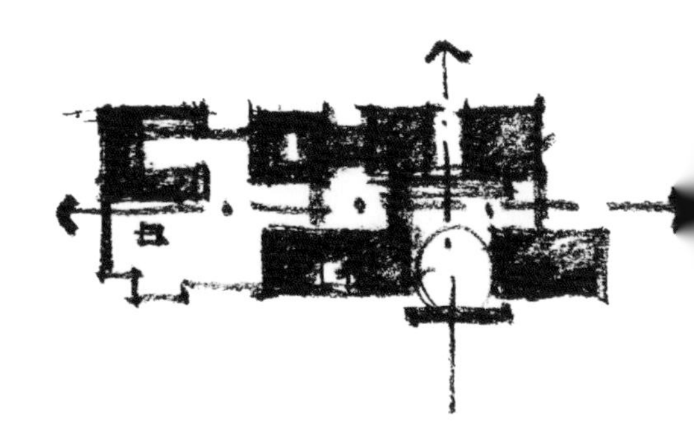

第五章

整体连贯：整体性

整体连贯：整体性

整体连贯，浑然一体。整体性，追求气质上的浑然一体；既有整体的系统格局，同时对细节的掌控又细致入微。这是平衡建筑所追求的艺术境界与格调。

成功的建筑一定是溶于环境，并与之共鸣从而形成新的和谐环境的。平衡建筑追求让建筑既溶于社会环境的同时又溶于自然环境，更溶于其自身创造的整体环境。平衡好个体与整体的关系，平衡好建筑角色的社会意义与个体价值的关系。“得体、适如其分”，始终是构建平衡建筑整体观的同行者。也只有将人的行为需要贯穿于整个环境的构建过程才是真正有灵魂的设计，才能使建筑具有永恒的生命。

5.1 “整体连贯，浑然一体”的阐释

所有建筑都处在一个特定的环境之中，而不是孤立存在的。设计师通过与环境的友好对话，进行一系列创作与构思活动，使建筑与原有场地相互作用并溶于其中，得到一个新的平衡的整体。

“溶于环境 ”的整体观，要求建筑师具备广阔的视野，能用全新的角度去思考如何处理好校园建筑复杂的时空关系，构建好现代校园和谐的平衡空间。而不是简单地关注某个建筑单体，去制造一个单纯的“标专性”教学场所。

在以业主为主导的国内设计生态中，设计周期普遍较短，较难提供建筑师足够的时间进行反复的推敲和构思。总体设计与单项设计缺乏连贯性和统一性，建筑表现形式粗放、功能设置不合理的情况时有发生。

某些情况下建筑师为迎合业主需要，校园往往只偏重于形式，而忽略了整体的协调和细节的完美，造成新建校园与周边既有建筑环境及校园自身内部单体相互之间关系生硬。还有一些校园盲目推崇时髦的造型风格，缺乏对地域文化的转译或传承，不能很好地融入社会，这些都严重制约了建筑质量的提高。

在任何既定的情境里，一种因素的本质就其本身而言是没有意义的，它的意义事实上由它和既定情境中的其他因素间的关系所决定[1]。相应地，校园可被视作一个系统。在这个系统中，每个单体的功能、空间、风格等“个性”是可以被“忽略”的，探究这些单体之间的有机联系才是关键所在，从而营造出一个平衡的建筑体系。

“溶于环境”的提出，正是基于把一所校园作为一个完整的系统来进行设计构思，在一定程度上是一种融合、突破和消隐整体观的体现。让校园自然地溶于生态环境、社会人文环境和其自身创造的建筑环境当中，和谐共生、浑然一体。要达到这样的理想境界，就要求建筑师平衡好建筑角色的社会意义与个体价值的关系，使建筑不光是物理状态地融入环境，而是与环境起到化学变化，溶解在环境里而不分彼此，到达环境成就建筑、建筑为环境添彩的境界，从而构建一套从细部到整体，从建筑到环境的有机统一、和谐共生的建筑哲学。如何平衡好建筑整体与建筑环境的关系，是在校园创作中体现整体观应当思考的首要问题。

---

[1] 魏春雨，黄斌，李煦等．场所的语义：从功能关系到结构关系——湖南大学天马新校区规划与建筑设计 [J]. 建筑学报，2018，(11)：100-105.

图 5-1 华中师大附属惠州实验学校方案设计（图片来源：UAD 作品，自绘）

5.1.1 建筑群体与自然环境的平衡

子曰："仁者乐山，智者乐水"，揭示了人与自然的共生关系。大自然"万物以成、百姓以飨"。儒家追求人与自然的"浑然一体"，认为只有将人与社会的道德法则与自然本体相融合，才能达到"天人合一"的境界。儒家学说反映在特定的建筑设计中，则表现出对自然环境的充分尊重，慎用人为手段改变自然环境。

自然环境是建设独具特色建筑群体的重要构成要素。置身于不同的地理环境，建筑群形态的构成会有很大的变化。将建筑群与地形地貌相结合，其轮廓线和高差起伏将极大地丰富建筑群的表现，建筑与环境之间建立起内在的有机联系，两者相互介入、相互依存、相伴而生，共同整合形成一个新的系统。

建筑师因地制宜，将建筑充分融入场地环境，并巧妙地运用场地环境特性，使建筑与环境相得益彰。华中师大附属惠州实验学校方案设计结合地形进行构思，尽可能多地保护原有自然生态，利用起伏的山体自然地貌建造出高低错落的建筑群体。这在丘陵地带校园建设中显得尤为重要，这也可以使校园更能突显其内在的整体性和鲜明的个性（图 5-1）。

建筑是连接人与自然的媒介，是服务于人的。要让人与自然更好地沟通，就应该将建筑以谦卑的态度存在于环境之中。一个平衡的校园，必须融入周边环境之中，形成整体和谐共生的状态，这也是现代所追求的校园精神——开放性、多样性和包容性[2]。通过把握场地和其环境所具有的特性，发掘建筑与环境衔接的内涵，最终找到表达建筑与环境友好的接口。

图 5-2 神奈川工科大学校园多功能广场

（图片来源：石上纯也，《Freeing Architecture》, 276-277）

[2] 隈研吾．负建筑 [M]. 济南：山东人民出版社，2008.

图 5-3 合肥工业大学宣城校区（图片来源：谌珂，陶郅，郭钦恩．传统徽派文化在现代教学建筑中的表达——合肥工业大学宣城校区新安学堂建筑创作 [J]. 建筑与文化，2019(2):216-218.）

运用空间的处理手法，使得人与自然能友好地进行对话，建筑本身自然地契合于自然环境之中，成为环境的和谐组成要素，继而形成新的更美好的环境。石上纯也在神奈川工科大学旁设计的“校园多功能场所”整体隐于环境之中。设计采用有所克制、有所尊重的设计手段，让建筑在地面与天空之间扩展开来，在遥远的地方互相连接在一起，呈现出一个巨大的无柱空间，其巨型屋顶由单块钢板制成，并在顶部具有多个面向天空的开口。自然的风与雨可以从这些开口进入内部空间，让大自然的清风、阳光、绿色能够渗入校园场所之中，随着不同时刻、不同天气，这里的场所不断地显现又不断地消失，无论是人工的痕迹还是自然的天成，两者在此融为一体（图 5-2）。

5.1.2 整体风格与社会人文环境的平衡

“规划、建筑、地景”三者之间结合的设计模式是中国古代建筑设计的优良传统[3]。建筑需要通过与周围环境的对话、与历史的对话、与地域文脉的对话来确立其自身的合理性，而获得社会对其存在价值的认可。这种对话以场地体验为始点，不存在先验的形式和机械性设计的原则，一切均服从于整体，使建筑的整体形象取之于当地文化又有所突破，同时实现建造技术与当地社会环境的自适应，因势利导，使建筑、社会与文化三大系统汇聚到平衡的起点。

室内外空间与环境的处理应该使其相互渗透，相得益彰，建筑与社会相互渗透也为建筑本身提供了一个理想的展示舞台。认真处理好各种空间的交互关系，建立起现代设计与历史环境之间的紧密联系，这是对社会文明变迁的呼应和感知。

建筑是“石头的史书”，“人类没有任何一种重要的思想不被建筑艺术写在石头上”……透过校园建筑的风格可以看出一个时期的社会审美标准，反映社会经济状况和建筑技术及材料科学的发展水平。因此，教育建筑有着鲜明的时代特征、文化和技术特征。现代建筑走过了从同质化走向差异化、从突出自我走向包容对话的发展过程。不论哪个时代的建筑，其各项特征及本身的功能属性最终将集中体现在一个建筑的整体风格之中，实现建筑与环境的统一和谐。

寻找建筑群潜在的元素肌理和空间秩序，通过表达对传统和历史的尊重来实现校园与城市、社会环境更好地对话。平衡好整体风格与周边环境的关系，是设计师匠心之所在。这要求建筑师深刻审视本土文化，努力发掘传统建筑元素，充分利用其文化价值，从传统智慧中吸取精华，使之溶入当下的校园建筑里。平衡好建筑角色的整体意义与个体价值之间的关系，通过尊重环境和历史，创造一个过去和现在共生的校园环境，达到现代与历史共存的平衡。

[3] 吴良镛．科学发展观指导下的城市规划 [J]. 人民论坛，2005，000(006):34-37.

合肥工业大学宣城校区的整体风格为带有徽派建筑色彩的现代建筑，与当地的历史文脉与地域风俗相呼应，通过挖掘本土文化实现学校大环境的风格统一和整体连续。廊道半透明镂空的青砖花格墙、连续的坡屋顶、曲折的廊桥，充满了熟悉的徽韵、徽味，创造出连续起伏的折线感，实现了对传统的徽派建筑传承与创新（图 5-3）。

5.1.3 总体布局的内在平衡

学校在自身发展过程中所形成的独特校园文化深深地影响着校园环境。校园建筑的空间总体布局应充分协调校园整体环境。通过不同的组织形式，可以使建筑组合更加合理、相谐，使建筑和环境产生良好的呼应。

1) 层次性

建筑群体空间布局的层次性会影响到校园的内在平衡，空间布局一定要符合整体校园空间的系统性，这就要求建筑设计应服从校园整体空间营造的需要，并体现其自身的个性特征。将这些特征与校园整体空间进行有效衔接，构建出完整、和谐与平衡的校园；相反，如果我们的建筑过于强调自我特征的彰显，而忽视了与整个校园空间系统的和谐共生，那么整个校园空间格局就会让人感到杂乱无序或是支离破碎，平衡将会被打破。

在一个完整的系统中，其各个组成部分未必都是完整的、出众的，但通过彼此的呼应和对话，能最终形成一个完整、和谐的形象。唐仲英基金会中国中心的整体布局没有单纯地去表现某一栋房子独立的美，而是在处理普遍与特殊，共性与个性的问题，实现了形体环境与精神文化层面的有机统一，寻找到这样一种合乎情理的内在秩序（图 5-4）。

图 5-4 唐仲英基金会中国中心（图片来源：UAD 作品，摄影 赵强）

2） 连续性

“应把建筑看作连续统一中的组成要素，并与其他要素保持对话关系，共同整合形成连续有机的整体环境”[4]。这意味着建筑不是孤立的，而是一系列连续的元素组合。因此建筑设计必须遵循连续性的原则，以整体性的视角把校园空间视作一个有机的系统，强调它与周边环境的传承、连续关系。

可以将建筑空间看成是由若干个功能空间按一定规则组合形成的空间秩序。任何一个空间的设置首先要考虑到人们在此空间中活动的行为需求。连续性是营造建筑公共空间整体的重要原则，人们穿行于各个空间，对空间进行观察和体验，形成完整的空间感受。建筑营造好连续的空间形式，可以为人们提供一个能够顺畅地从事各种活动的连续的组合空间。

山西兴县 120 师学校采用“整体连贯、空间围合” 的布局形式，呈现山峦起伏的形象，用集约化手法使布局更加紧凑，一气呵成。通过庭院空间在不同维度的延伸、叠加、交互、渗透，结合建筑底部架空、连廊平台，构建了立体、连续的公共空间系统，营造出连续的建筑空间秩序，形成完整平衡的空间感受（图 5-5）。

3） 通畅性

除了要满足传统的社交活动需要之外，信息的通畅、快捷与共享是现代校园建设必须要具备的。信息技术的发展，使得计算机网络可以帮助我们实现大部分通信需要，但是人们自然通畅的社交仍然是必不可少的，这种精神层面上的需求永远都不会失去意义。这种通畅性不仅表现在实际形态的，还可以是通过感观或意识的连续和延伸。建筑师通过巧妙的设计，借助廊道的联系、利用墙体等建筑要素联系、使用玻璃等材料的天然效果得以实现，甚至只是在适当的位置布局一些建筑小品也能达到非凡的效果。

京都市立铜驼美术工艺高等学校的设计置入了“街道”、“巷弄”、“院子”等相互连通的友好场所，上层建筑像是漂浮的岛屿。布局按照空间属性进行组织，建构出相应的秩序和逻辑，提供了高效和便捷联系，“大街小巷”之间互相连通，强化校园的“社区感”和“浸润感”（图 5-6）。

---

[4] 林龄．国际建筑师联合会第十四届世界会议：建筑师华沙宣言[J]. 世界建筑，1981(05):42-43.

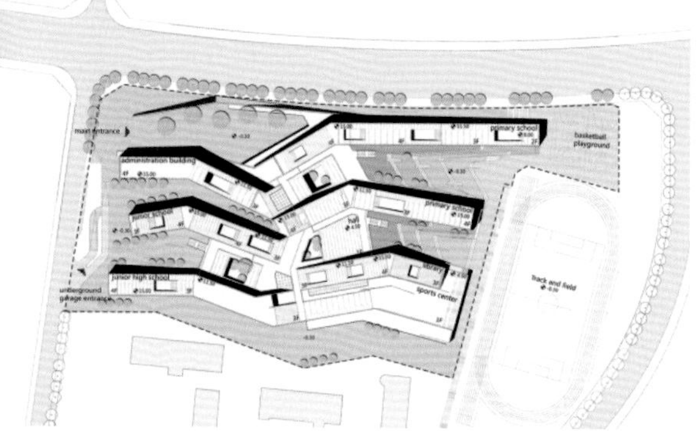

图 5-5 山西兴县 120 师学校（图片来源：吴林寿 .120 师学校教学楼 . 城市建筑 ,2017(1):68-78.）

图 5-6 京都市立铜驼美术工艺高等学校

（图片来源：INUI ·RING·Fujiwalabo,H·Yoshimurua J.V. 京都市立艺术大学及京都市立铜驼美术工艺高等学校 [J].GA JAPAN,2019,(158):142-150）

图 5-7 湖南大学天马新校区（图片来源：魏春雨，黄斌，李煦，宋明星 . 场所的语义：从功能关系到结构关系——湖南大学天马新校区规划与建筑设计 [J]. 建筑学报 ,2018,(11):100-105.）

5.1.4 个性元素与自身环境的平衡

有时并不一定要表现你设计的那个个体，而是着眼于群体的协调[5]。贝塔朗菲曾借用亚里士多德的著名命题“整体大于部分之和”来表述一般系统论，已被系统科学界普遍接受。任何系统都应该是一个有机的整体，局部之间、整体与局部、内部与外部之间都有着密切联系。如果一个整体的建筑群不能带给人们美感，那么组成这个整体的若干个单体再精致也是毫无意义的。系统论的哲学观点反映到建筑设计的具体实践上，揭示了建筑群体作为一个有机的整体，其影响力要远远大于组成它的各个建筑单体所产生的影响力之和这一基本原理。平衡建筑正是这样一种提倡整体环境视角下的建筑与景观的设计理念和指导思想，它更多地强调建筑在整体环境中的作用和角色。

校园建筑系统的和谐，就在于把握系统中各个单体相互作用表现出来的一致性和系统性特征，从主观价值取向和客观关系平衡的一致性出发，对建筑群体进行解析，有效地把握校园建筑系统的整体特性，提高建筑环境品质。整个系统内各个建筑的单体形式各不相同，它们虽有主次之分，各具可识别特征，但它们同属一个整体。

各个单体在设计过程中不应只考虑自身的个性，而是要注重找到属于该群体的共同元素，从而形成和谐统一的整合群体。建筑群体中每个组成单体其所处的地位和比重都是不同的，建筑师不应过多着墨于单体的形态表现和自身属性的彰显，要谨防校区成为众多个性化建筑的杂烩拼盘。

所以在校园设计中抓住主题思想、明确主从关系是非常必要的，要在它们中间做出重点和区别，而不是毫无区别地对待群体中的每个单体。各自为政、喧宾夺主必然造成建筑群在整体上不相协调、失去平衡。关肇邺先生也曾对校园营建哲思发表过“重要的是得体，不是豪华与新奇”的观点[6]。

统一与协调，使建筑群体保持整体性和平衡性，这绝不是简单的追求一致性、匀质化。而是在设计过程中始终贯穿统一与变化的辩证思维，通过单体的有序变化来实现更高层次的统一，千篇一律只会造成群体呆板、单调，令人生厌。我们要带给人们的是“变化的统一”。

---

[5] 杨廷宝 . 杨廷宝建筑设计作品集 [M]. 北京：中国建筑工业出版社，1983.

[6] 关肇邺，《重要的是得体，而不是豪华与新奇》，演讲，2015.5.

“变化”体现了每个形态个性的差别，“统一”体现了每个形态的共性或者内在的联系。建筑由一系列的建筑元素构成，建筑元素间的差异性和多样性带来建筑形式的变化，而建筑元素间的内在联系就是建筑形式整体的统一性。这种“变化的统一”给人们带来的感受就是作品的“和谐”。

学生是喜欢变化的一个群体，对于校园也不例外。这种蕴含哲理的变化丰富了建筑群体的造型，使校园在平衡中体现出建筑的动态美，同时也更有利于为学生营造良好的学习氛围。

湖南大学天马新校区的设计整体引入群构的思想，不过多着墨于单体的形构特异性和自身属性的强力彰显，谨防校区成为个性化建筑的杂烩拼盘。通过采用单元衍生的构成策略，在各单体之间以及单体各部位之间形成对位、呼应、相似、穿插的关系，保证了它们在尺度上的协调和形态上的划一[7]（图 5-7）。

5.1.5 细节表达增强整体性

细节除了可以增强建筑整体的表现力，还可以向公众表达设计师的思想。在构建一个完整的建筑群系统的同时，能够巧妙地掌控好局部，让细部消隐在整体建筑中，辩证地处理好局部与整体的关系、个性与共性的关系。这是在平衡建筑大气开放的格局下设计师所追求的艺术境界。每一件成功的作品无不凝聚着设计师对细节以及它们与整体之间有机联系的缜密思考。

成功的细节把控可以成就一件作品，同样，任何细节上的疏忽也可以让一件作品功亏一篑，细节决定着我们构建平衡校园努力的成败。扎哈·哈迪德说“如果它们（建筑细部）被设计得好，它们就会消失。”密斯·凡·德·罗以名言“上帝在细部之中”称著于世，他反复强调：“一个建筑设计方案无论如何恢宏大气，如果对细节的把握不到位，就不能称之为一件好作品。”

平衡校园强调以工匠精神表现出对材质、工艺的专注。设计选择各种材料，通过周密的设计把他们组合在一起，使材料通过细部的组织具有生命力，进而诞生出具有思想和灵魂的校园建筑群。就算是校园建筑的基本平面、体块类似时，不同的建筑材料以及不同的材料构造方式同样能让校园建筑带给人们截然不同的感受，甚至可比由于平面或体块变化所带来的视觉冲击要大得多。

建筑细部的美需要通过建筑本身的色彩、符号和材料等多方面展现出来。其品质源自于建筑的功能、结构、文化、技术和材料，借助建筑细部可以充分体现出建筑的地域特征和思想脉络。

1）符号

建筑符号是建筑整体的一部分，是建筑细节处理的重要内容。建筑符号元素虽然是一个局部性的设计问题，但它也是建筑整体的重要组成部分。建筑元素的设计同样应该从建筑整体出发，将各种建筑符号元素有机、协调地组合在一起，在“建筑整体性”原则的指导下进行。

通过符号的重复使用，有助于建立群体中各单体之间的有机联系，强化建筑所要表达的主题思想，从而达到整体合一的效果。灵活运用于不同的外形部位，会产生强烈的统一感和韵律感。符号之间可以存在大小、色彩、比例的不同，但都必须服从整体，为整体服务。

中国美术学院象山校区的校园风格古朴统一，局部界面

---

[7] 魏春雨，黄斌，李煦等. 场所的语义：从功能关系到结构关系——湖南大学天马新校区规划与建筑设计 [J]. 建筑学报，2018，(11)：100-105.

图 5-8 中国美术学院象山校区（图片来源：王澍，陆文宇 . 中国美术学院象山校区 [J]. 建筑学报 ,2008,(9): 48-59.）

通过相似形的洞形图案，增加校园的生机与活力，同时建立各单体之间的有机联系，产生强烈的统一感和韵律感，达到合一的效果（图 5-8）。

2）色彩

几乎所有校园群体建筑都会有其特有的色彩特征。行走在一些历史悠久的校园里，这种体验会更强烈，色彩已经成了校园文脉的一个重要组成要素。这种对建筑色彩特征的感觉主要来自于建筑的墙体和坡屋顶，当然周边其他建筑及整个环境的色彩等同样可以影响建筑群的色彩，而关键在于能够彼此间相互协调。

组成建筑群体的各个单体，因其使用材料的不同或是相同材料色彩选择的差异，都会使得建筑色彩发生变化。但不论怎样，色彩变化不宜过多，而建筑群整体系统中各种材料的色彩和质感的相互协调、相互融合是至关重要的，否则就会显得杂乱无章，让群体失去整体感。

杭州古墩路小学以白色为主基调，从中植入了两种分布范围较小的暖色调，随着楼层的变化错落跳跃。活跃色的介入打破了常见的素色系校园给人们带来的刻板印象，试图营造一种更为轻松活泼的氛围。同时，这种色彩语言体现在建筑立面的彩色铝板和窗框上，构成的律动秩序，使得建筑的虚实界面有了一种内在统一的整体感。色彩的生命力为新校园带来活力，设计语言的统一也让色彩超越了表现形式本身，成就了这所学校独一无二的视觉形象（图 5-9）。

3）质感

质感，顾名思义是人们对于材料的感觉。人们对于材料表面的光滑或粗糙程度、材质的密实程度和纹理及光学特性等都会影响到人们对于材料触觉、视觉，甚至嗅觉和听觉。基于质感的材料选择是建筑师进行建筑设计活动的重要内容，尤其是对使用当地自然材料的注重，不仅可以大幅度地降低建筑造价，还能由此增强建筑群体及个体的表现力，更加强化建筑群体的地域特征和当地的特色文化，使建筑更具鲜明的地方文化特色。关肇邺先生在设计清华大学新图书馆时，采用了与老图书馆相似的红砖，在新老建筑之间达成了统一，在外观上既能与建筑环境和谐相融，又显示出所建时间有异，具有时代的特色（图 5-10）。

图 5-9 杭州古墩路小学（图片来源：朱培栋 . 杭州古墩路小学 [J]. 建筑学报 ,2018,(4):52-53.）

图 5-10 清华大学图书馆新馆（图片来源：关肇邺 ,CHEN Yuxiao. 清华大学图书馆四期，北京，中国 [J]. 世界建筑 ,2017,(9):52-53.）

图 5-11 总体鸟瞰图（图片来源：UAD 作品，摄影 章鱼见筑）

5.2 设计实践

5.2.1 宁海技工学校

校园的选址，决定了宁海技工学校必然要利用周边的自然环境，以近乎超然的自然景致和合适的现代建筑建构，使这个校园充满田园生活的意趣。建筑师的工作更多时候犹如完成一篇命题作文，在各种不同的限定条件下，除了满足建筑基本使用需求外，还应能体现建筑人文特质（图 5-11）。

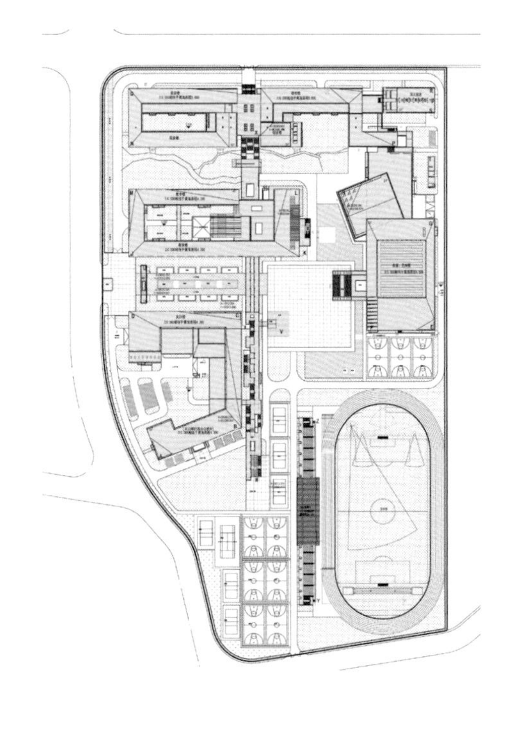

1） 概述

2011 年初，海滨小城宁海仍是春寒料峭，踏勘宁海技工学校现场。规划校区拟建地位于越溪乡越溪村，项目总用地面积约 150 亩，办学规模 60 个班级，学生约 3000 人。从宁海县城到基地有一个富有诗意的进入方式：即从省道转入越溪桥，跨过白峤港进入，越溪桥成为越溪村与外界的唯一空间联系（图 5-12）。

图 5-12 校园溶于乡野之中（图片来源：UAD 作品，摄影 章鱼见筑）

2） 愿景

基地现状基本为农田，旷地一片，周围民居错落其间。一桥一世界，过越溪桥的刹那也远离了城市的喧嚣，特殊的地理环境大有当年陶渊明《桃花源记》中所述之意境："……土地平旷，屋舍俨然，有良田美池桑竹之属。"眼前所见基地之原野景象，脑海内激荡徘徊的是伟大画家梵·高画中所绘之田园意境。触目所见之处，越溪村散发着一种淳朴、生态的乡野气息，瞬间觉得再也没有其他地方比在如此清静之地建一所学校、教书育人来得更合适（图 5-13、图 5-14）。

规划设计依托基地如桃花源般的自然环境，尝试在这里通过新的设计方法来塑造现代的世外桃"园"，希冀新时代的都市校园空间和传统田园生活方式在这里能够相互融合。

图 5-13 西北侧整体场景（图片来源 :UAD 作品，摄影 章鱼见筑）

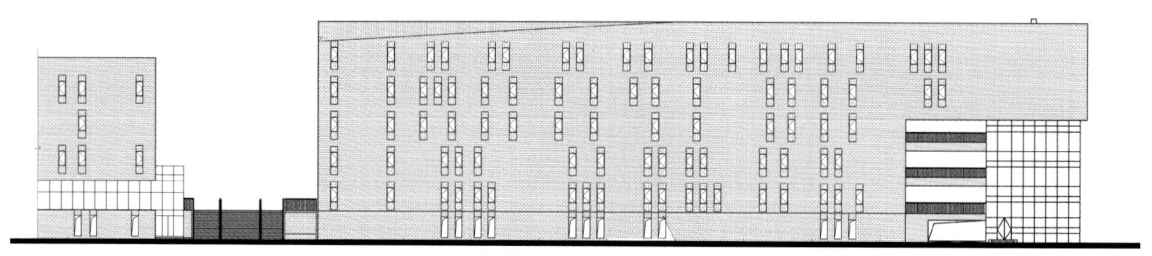

图 5-14 宿舍楼北立面（图片来源：自绘）

鉴于紧张的用地，且校方提出保证 400 米标准田径场后尽可能多布置五人制足球场等运动场地的诉求。规划伊始，总平面布局以建筑集约化为原则，为校园赢得更大的景观和师生活动空间，采用相对集中、有机分散的手法，借鉴传统院落式的围合布局，建筑布置体现简明几何构图与环境相融合的原则。设计中重点规划校园的两条轴线和一个联系轴线的景观带，空间形态倾向于三维方向性，内部点缀稍许变化的活跃元素，做到虚实相生，疏密有致。

“礼仪轴线”：设计将主入口置于西侧道路，从地块中部进入，直接进入校园核心区域，教学楼、行政综合楼分列两侧，以艺体楼作为整个轴线的收尾。设计恰如其分地把握轴线的收放，不做过分的渲染，避免过于严整的对称，在中心广场处向群山开放，使得整个学校性格不至于过分严肃。

“生活轴线”：在引入横向的礼仪轴线之后，设计又引入了纵向的生活轴线，两轴线交汇处设置中心广场，将师生的生活入口置于北侧道路，生活区也顺势位于北侧，这样师生的生活和外界的联系也变得更加紧密。同时从北向南依次连接起教学区、行政综合区和运动区，在校园中心区域形成环状的交通圈。南北向的生活轴线引入进一步便捷了师生的生活学习。

“景观带”：引入了一条环状的“软性”的水景景观带，将教学楼和行政综合楼区域整合为中心区，生活区、运动区环绕中心区布置。景观带的引入进一步提升了学校的空间品质。

“两轴一带”的规划布局构成了学校空间的基本构架，三者相辅相成，相得益彰，在对传统校园空间布局优化的同时，也完成了对传统校园空间布局的突破。

3） 叙事

当今多数校园规划千校一面，长城内外，大中小学如出一辙，概莫能外。有着几乎一样的布局，一样的空间，一样的造型，所以在规划设计中我们需要的不是重复常规的设计构思，把陈旧的校园布局从一个地方移植至另外一个地方，而是综合实际因素，推陈出新。

4） 个性

- 刚柔并济

21 世纪背景下的校园空间更需注重的是生活于其中师生的空间体验。技校不同于常规的高中校园，学校的性质决定了规划中除了要考虑学生学习的静谧外，还要体现技校学生更为活跃，他们更有年轻学子的张力。作为对中国传统书院空间形式的一种继承，院落在校园规划设计中被广泛采用，主要因为院落能营造出静谧、平和、富有人文气息的空间氛围，这与学校的气质特点不谋而合。规划设计中对传统院落空间的回溯，通过尺度、界面、色彩等各方面严格控制，并强调空间与水而遇，创造幽玄沉静之所。同时在空间的性格塑造上，不拘泥于常规的限定性强的非流转特征。以建筑的实体围合一系列的以方向各异、尺度多样、收放有度的弹性空间，成就独特技校个性的场所体验（图 5-15）。

图 5-15 刚与柔的平衡（图片来源 :UAD 作品，摄影 章鱼见筑）

图 5-16 校园层次与连续感（图片来源 :UAD 作品，摄影 章鱼见筑）

- 多元化路径

考虑到宁海技工学校特有的空间需求，以及基地周边群山环抱的优势，于是引入生活平台，宿舍主要布置在二层，底层以台地形式出现，将车库及一些辅助功能布置在台地下；生活轴线也以平台的形式出现，与礼仪轴线在不同高度上互相交汇，但又清晰明确，形成非常有机的立体交通。用一系列可能的不确定的行进路程将各建筑串接，形成空间的深远变幻，体现我们多样性的空间建构态度。这样营造出了丰富的室内外学习交流休憩空间，同时建筑亦成为绝佳的观景空间，从平台，从地面，在不同位置将山景尽收眼底，让建筑结合广袤原野成为造就莘莘学子未来人格的大课堂（图 5-16）。

- 地域特征

建筑应该依于基地而萌发，基地处于一处原生态的具有强烈乡野气息的环境中，四周群山环绕，所以规划建筑也避免出现过硬的几何形式，以“切削”的手法，对建筑屋顶进行处理，这也是对山体这种自然形态的模仿。建筑最终呈现出一种粗犷的原野气息，与特有的现场环境完美地融合在一起，虽出自人工，却宛若天开。

建筑的底层平台的材料选择上，汲取基地周围民居的墙体石砌传统做法，利用当地片石，控制石材的纹理和凹凸比例关系，显现质朴完整的建筑基座肌理。上部选用与广袤田野颜色接近的暖色面砖，将建筑作为群体雕塑呈现视觉上的具象感受，融入空旷原野的现状基地，于群山之中、阡陌之间构建出理想的学习生活佳境（图 5-17）。

图 5-17 地域元素的体现（图片来源：UAD 作品，摄影 章鱼见筑）

图 5-18 连贯融合的整体形象（图片来源 :UAD 作品，摄影 章鱼见筑）

– 整体形象

最终的校园形态存在于特定限制条件尤其是场地环境因素所构成的空间脉络中，场地信息综合决定了校园规划最初始的设计原点。宁海技工学校强调建筑的在地性，底层以敦实厚重基座形式出现，不同功能的上部建筑形体并置于平台之上并相互对峙或关联，整体形象一气呵成。与周围环境浑然一体，相得益彰。

形式追随于功能，由于建筑不同单体的功能要求，常规校园内会表现出不同的展示界面。宁海技工学校的设计还是寻求一个清晰的逻辑思维并运用到建造实践过程中。通过基座与连廊搭建校园的基本形式秩序，虽然因回应不同的单体功能会呈现不同的立面形式，但仍然以统一的建筑语汇贯穿校园。建筑最直接的体验还取决于材料和细部的触觉感受，如采用简单的外墙材料、所有建筑立面上通过窗的细部体现厚实墙体的统一节点、建筑外形的切削处理、强调形体边界与清晰轮廓的建筑造型等这些手段共同建立起一种属于宁海技工学校的自身风格。落成后的宁海技工学校，以硬朗整体的形象、粗犷的乡野气息、张弛有度的空间格局与周围田园完美融合，并迅速为师生所接受，成为宁波地区校园建设的新标杆（图 5-18）。

5）小结

规划解读校园空间性质，分析基地地域特征，注重技校学子心理体验。合理布局，塑造有场所个性的外在建筑形象，营建多层次内外交往空间，达到移步换景、刚柔相济的意境，旨在通过规划建筑与空间，创造更多的人与环境、环境与建筑之间的互动。本次校园规划设计探讨江南技校田园个性的表述，描绘一幅在希望田野上的和谐画卷。“绿树村边合，青山郭外斜”，宁海技工学校绝非一片单调乏味的水泥森林，每当夜色来临，校园窗后透出温润自然的灯光，与广袤乡野之上的七八个星天，融合于皎皎月色之中，共同构成一幅可供少年入梦的画面。

5.2.2 桐乡市现代实验学校新校区

跟步青石巷，枕水梦故乡。在桐乡市现代实验学校新校区项目中，设计从整体连贯的视角不断审视，寻求整体到局部的内在逻辑秩序，通过“筑巷，造园，塑形”的空间营造，力求在人文、社会、自然多维视角下，达到技术和艺术的整体平衡，唤起学生们对于传统、在地、文化等方面的共鸣，真正再现梦里水乡的情境和传统文化的精神延伸（图 5-19）。

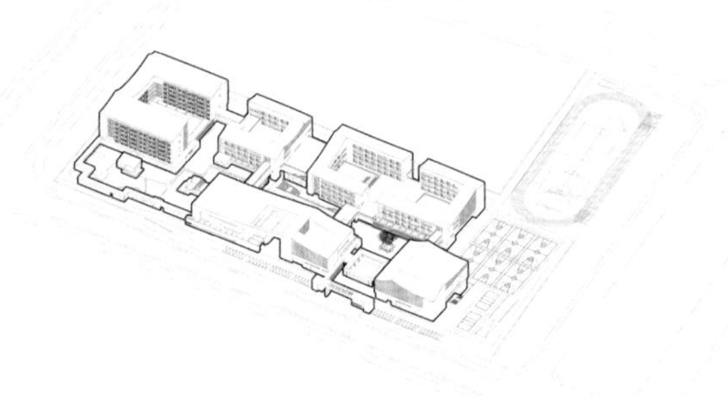

图 5-19 总体鸟瞰图（图片来源：UAD 作品，自绘）

图 5-20 总体鸟瞰图（图片来源：UAD 作品，自绘）

1）校园文化的在地性

桐乡，一座充满诗情画意的城市，一个被江南文化浸染数千年的地方，小桥流水，白墙黛瓦的形象早已深入人心。另一方面，随着近些年教育文化领域不断呼吁对于传统文化，中华精神的回归和延伸，校园设计理应也从设计层面来为学生塑造出截然不同的场所感知。所以，新的校园设计从这几个方面几乎都无法回避对于校园文化在地性的尝试。

2）化不利为有利

基地分析的结论是唯一的，按照业主的要求、现状的基地条件和周边城市道路关系的影响，得出几大功能分区，相应地也出现了几个核心问题，其一是相对于普通中小学而言偏高的容积率，如何为学生营造尽可能多的室外活动空间？其二是如何合理利用因为基地东西向偏长的现实条件使得校园内部留下一条看似比较消极的带状空间？其三是如何体现我们对于建筑在地性的尝试？

在经过诸多对比分析以及权衡之后，我们突然意识到这些并不矛盾，也许还能完美地结合。首先中国传统建筑的空间模式从来就不是要去强化大广场和大室外场地，而是善于通过空间节奏的变化来赋予人丰富的体验；其次，对于容积率的偏高，我们很自然地想到利用建筑的高度，尽管用地有限，但是可以利用空间的高度来为学生营造更多的活动场所；其三，这条长轴通过设计的处理是可以与传统江南水巷产生关系，正是因为如此，我们觉得东西向的长轴在平面和高度上均大有文章可做。通过筑巷、造园、塑形三个主要在地性设计策略，实现了本项目的化不利为有利（图5-20）。

3） 筑巷

这条东西长轴长约 180 米，宽 25 米。宽度的确定比较容易，其一是出于对后排的教学楼要满足日照需求；其二则是基于传统中国街巷空间的尺度，高和宽以 1 ： 1 左右比例人的视线基本上比较自由，空间的界定感也比较强。那么 180 米的长边如何让其保持人在行走时的愉悦体验就需要我们下足功夫了。

首先，我们需要对其进行分段，在 180 米长的范围内设置三条垂直通道，因为教学区和公共区以及生活区之间功能衔接的必要性，这个分段显得顺理成章。三条垂直廊将整个长轴分成了三段体验各异的空间，我们分为前轴、中轴和后轴，前轴是校前区礼仪空间的延续，大树和片墙，干脆直白；中轴则是小桥流水，尽显江南秀美；后轴则是适当开敞，结合南部场地共构一处园林。值得注意的是，三条垂直通廊分别在不同的标高面南北连通，这样他们对于空间的限定程度也各不相同。

其次，为了在有限的用地中为学生创造更多的活动空间，我们必须创造和利用场地的高度，所以适当的二层平台以及局部的下沉庭院就十分有必要了，多层高度维度的活动空间不仅解决了学生交往活动的需求，更为使用者提供了更加立体的视觉感触（图 5-21）。

当然，光是长轴的高宽比 1 ： 1 并不足以形成梦回水乡的体验，近人适度的细节设计才能真正回归水乡巷道。因此，我们在这条长轴里面穿插点缀建筑和小品，以及小桥、流水、月亮门等景观元素，再配合一层近人尺度的镂空墙等细部处理，希望能够真正再现梦里水乡的情境（图 5-22）。

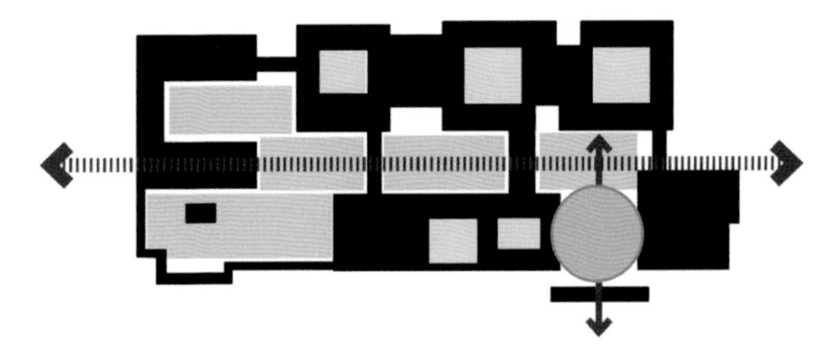

图 5-21 回归水乡巷道（图片来源：自绘）

图 5-22 巷中一景（图片来源：UAD 作品，自绘）

4） 造园

对于具备典型江南特色的桐乡，只是筑巷似乎没法完全体现其地方特色，而通过造园将更加完美地体现其在地性。我们选择在地块的西南角留出一块空地设计一处园林，其一作为整个轴线转向终点是一个很好的收尾，其二位于食堂和宿舍的交界处，也相对临近教学组团，从功能适用性来说也能作为师生闲暇饭后休憩和散步的绝佳去处，其三西南角位于庆丰北路和秋实路的交界处，在这个重要的城市节点，我们也希望学校中能有比较好的环境和氛围展现给大众，并受用于大众（图 5-23）。

园林的设计取法中国传统园林造园思想，种树理水，合理组织廊道和汀步，饭后的师生漫步其中，步移景异。或是晨间就读其间，于城市中，闹中取静（图 5-24）。

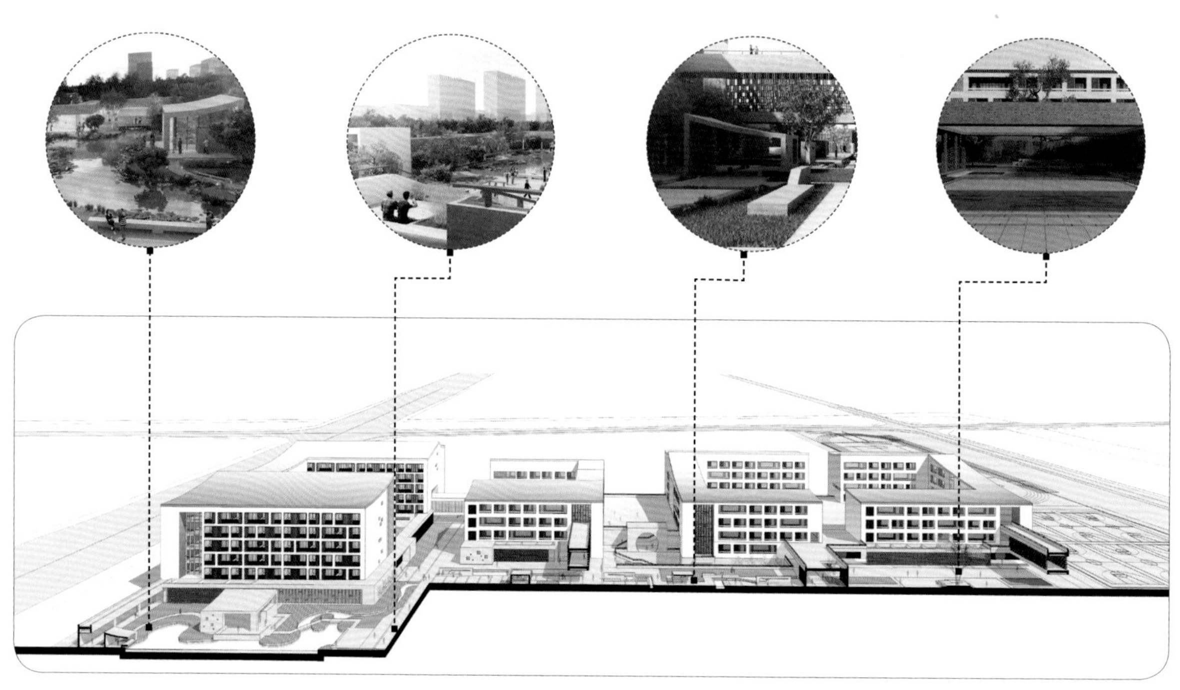

图 5-23 庭院深深（图片来源：自绘）

图 5-24 雨中意境（图片来源：UAD 作品，自绘）

图 5-25 校园整体气质（图片来源：UAD 作品，自绘）

5） 塑形

传统中式建筑形式上略显烦冗，相对封闭，对于中小学生而言可能显得压抑，对于江南水乡的现代学校而言塑形在遵从地域特征之余应该考虑有所变化和转译。采用现浇体系的缓弧线屋顶是时代感的体现，既提升了校园的活跃度，也是江南建筑秀美的表达因素。

立面虚实处理上大虚大实，再现中国传统水墨画韵味。同时，色彩的处理也以黑白灰为基础，暖色为点缀，再次提升校园的活跃因素（图 5-25）。

6） 建筑的在地性表达

最终，我们的策划包括建筑方案赢得了校方的上下赞许，但我们也很清楚，这只是漫长设计过程的第一步，接下来，我们也将虚心与业主进行交流，更多地聆听学生和老师的需求，我们由衷希望关于我们校园文化的在地性的尝试能够得到很好的实现，展望建成后的桐乡市现代实验学校，那片回形游廊，那条江南巷道，那处园林水景都能看到师生们最欢快活跃的身影。

在这里，他们有一片属于地域，属于桐乡的独特校园环境。

在这里，他们能无处不在地感知到传统文化的精神延伸。

在这里，他们将留下最快乐的年少时光（图 5-26）。

7） 小结

桐乡市现代实验学校新校区作为我们对于建筑在地性理解的一次积极尝试是比较成功的，受到了业主的好评以及当地很高的关注度。在项目中，我们对于地块因地制宜的设计策略，对于建筑从布局、空间特点到建筑材料细节等一脉相承的体系都体现了我们对于平衡建筑整体连贯的独特理解。就如前文所叙，设计本身对于项目只是一小步，接下来长达将近两年的项目的施工过程才是真正的挑战，由于造价和其他一些客观因素导致施工过程中遇到不少困难，以现代学校魏校长为首的业主团队充分尊重设计的初衷，不断就施工过程中出现的问题与我们进行及时的沟通协商并有效的解决，很大程度上确保了设计的实现度，为此我们心存感恩，而魏校长事必躬亲的工作态度也让我们为之动容。目前项目已经接近尾声，应该说基本上实现了我们预期的设想。

图 5-26 浑然一体的景象（图片来源：UAD 作品，自绘）

5.3 本章小结

彼得·卒姆托曾在访谈中表达了对建筑整体连贯的理解，“一切适得其所的建筑最美丽，亦即所有事物能连贯成一体，环环相扣，若除去任何一项，就会破坏整体。例如地点、用途与形式。形式反映地点，地点需恰到好处，而用途则反映地点与形式。”

所有建筑都处在一个特定的环境之中，而不是孤立存在的。无论是满足人们功能上的需要，或是寻找精神上的依托，学校作为一个系统性的建筑群体，就必须充分考虑其各个组分之间的整体合一，和谐共生，从而体现出建筑群自身以及建筑群与环境的平衡。校园的设计应当注入“溶于环境”的整体观，把一所校园作为一个完整的系统来进行设计构思，同时平衡好自然、人文、社会这个大整体的需求和发展规律，使其自然地溶于生态环境、社会人文环境和其自身创造的建筑环境当中，得到一个新的平衡的整体，重塑校园的连贯性。

优秀的设计一定是将人们感性中的情怀与诗意和理性中的规则与需求有机地结合在一起，自然而然地流露出“整体连贯，浑然一体”的“合一”境界。“和谐”的内在境界与外在表现，彰显着群体与环境的平衡，整体与局部的平衡，抽象概念与实际品质的平衡，建筑群体所让人直观感受到的整体感其本质就在于“平衡”。

学识渊博、生活阅历丰富的长者与天真烂漫、充满活力的青少年交织在一个共同体内，这就要求设计师仔细探究校园生活的多样性，功能需求的差异性，在学校设计中遵循“环境大于建筑”、“整体大于个性”以及“在整体中突出个性”的原则，使建筑作品、人和环境实现高度融合。校园设计的复杂性促使建筑师只有将校园环境视为一个有机统一体来进行研究，才能实现建筑功能和建筑风格上的和谐统一。

浑然一体，宛若天成!

第六章

持续生态：生长性

持续生态：生长性

持续生态、永续发展，是当代建筑思潮中的重要理念。建筑如同一个生命体，生长与更新是常态。树立全寿命周期的观念，亦是平衡建筑观中内含的社会责任。

平衡建筑强调绿色建筑技术的选用与集成是每一个设计师溶于血液中的本能，要求平衡好社会责任与技术服务的关系，倡导建筑可持续发展贯穿于建筑的全生命周期，是以人、自然、环境共生的方法进行的设计，设计目标是实现生态良性循环。在全寿命周期内的建筑设计追求功能需求的动态平衡，践行设计人员对于业主及社会的责任，关注终身运维。

6.1 “持续生态，永续发展”的阐释

在可持续发展的建筑设计观念中，我们会引入两个基本概念与一个设计侧重理念。第一个基本概念是“生态建筑”，它强调绿色建筑技术的选用与集成，建筑需要尽可能处于低功耗、低排放的状态，为了达成这个目标，系统、合理地在建筑内部维持能源与资源的有序循环，显得十分必要，这是社会责任与技术服务之间动态平衡的体现，即“人与自然环境的可持续”。

从更高维度来审视，世间万物，无不是在动态发展的。当我们将建筑本体放到时间维度中，从其整个寿命周期来观察，设计师还需要追求功能与需求的动态平衡，于是第二个基本概念：“建筑全寿命周期”由此而生。而“终身运维”在此基础上诞生，也成为建筑设计者在当下需要参与的最重要的任务之一。将这些概念践行贯彻，是设计人员对于委托方、使用方及社会应有的责任，尽可能维持社会共同体的合理平衡，切实保护社会环境的持续存在和再生产，实现人与社会环境的可持续发展，即“人与社会环境的可持续”。

在生态和全周期这两个目标的前提下，我们针对校园内不定空间的设计侧重就显得尤为重要。美国斯坦福大学第一位校长大卫·乔丹曾在开学典礼上说：“那些长廊和庄重的柱子，那一池池的棕榈树将对学生起着一份教育作用，实实在在地就和化学实验室一样……这庭院中的每块石头都在进行着教育。[1]”不定空间是一个建筑中可以灵活变化的弹性空间，其设计优劣会直接影响整个建筑在漫长的发展能提供给业主在建筑物中的切身感受。

6.1.1 生态可持续校园营建

“生态建筑群”是为了合理构建建筑与其对应环境的关系网，使建筑群在整个寿命周期内长期稳定处于动态平衡，实现人与自然生态环境之间的和谐相处为目标而产生的概念，也是一种建立在本土自然环境平衡理论基础上，综合了建筑学、生态学与其他多门学科的综合性学术研究。生态建筑学（Arcology），是 Architecture 与 Ecology 的组合词，由保罗·索勒提出，用于描述理想城市，并依此理论根据土地、气候等构建了一系列建筑群[2]。

在霍华德《明日的田园城市》中所提出的建筑之与社会；麦克哈格《设计结合自然》中所提出的建筑之与自然，这两者共同揭示了生态建筑学的意义。

“可持续建筑群”是建筑学对可持续发展思想的一种回应。在建筑实践活动中，可持续的建筑群体被视为“绿色建筑的最高阶段”，它包含了建筑设计的四个原则：高效运用资源；高效使用能源；防止污染；环境和谐。

---

[1] 金江 . 大学校园室外空间环境人性化设计研究 [D]. 武汉：华中科技大学 ,2003.

[2] 保罗·索勒 . 生态建筑学：人类理想中的城市 [M]. Cosanti Press,2006.

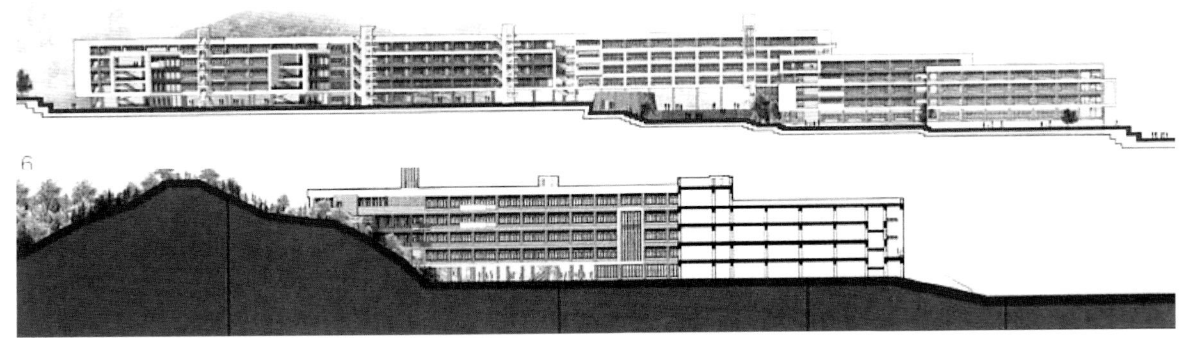

图 6-1 诸暨海亮剑桥国际学校（图片来源：顾志宏，聂莉．“化零为整”的山地校园设计手法——以诸暨海亮剑桥国际学校为例 [J]. 新建筑，2018,(6): 74-77.）

从本质上讲，即营造一组在追求尽可能低的能耗消耗中取得最大的空间，且能与社会和自然和谐共处的场所。随着理念和技术的不断发展，当今的可持续建筑群已经慢慢将设计中心由单一的节能减排向多个核心发展，其包括了生态、绿色周期、低碳排放、技术与艺术风格相容性、社会责任与技术服务等。不论是一座城市，一个社区，还是一所校园，在生态可持续的规划发展上，许多思路是可以互通和借鉴的。

1）建筑对生态环境的影响

建筑若被视作一种生命体，在其仍未开始细胞分化时，就开始对环境产生影响。在设计勘察和规划阶段，当地的生态环境就开始被人类干预，这种干预在施工阶段到达顶峰，又在后续的使用维护中处于一种或高或低的影响状态。鲜有建筑能在其整个生命周期内对生态环境造成更少的负面影响，而能产生积极影响的，则更为凤毛麟角。

随着社会工业化进程的加速，许多建筑为了更快速地服务人群，大多都不再进行精密的可持续设计。建筑被各种管道、空调设备填充，在极大的能源消耗中为业主提供着低效的服务；其碳排放及以产生的各色废物，无时无刻不在破坏着其所处的环境。而环境的恶化反过来又使建筑越来越依赖于这些机械的支持。如此恶性循环，致使建筑与环境间的平衡关系被迅速破坏。

“像植物一样，是地面上的一个基本的、和谐的要素，从属于环境，从地里长出来迎着太阳”[3]。为了更好地实现建筑群的自我循环，与自然和谐共生的存在形式，则要以基础的生态学原理为大纲，在规划和设计的初始阶段，就应充分利用天然的自然资源和材料，以先进的生态技术进行建设和管理，从而尽可能地减少工业技术的使用，建立一个经济，和谐的生态建筑循环体系。只有尽可能多地融入这些营造措施，且积极提高校园人群的环境保护意识，才有可能使建筑的业主和环境本身进入一种良性循环，从而促进生态环境从建筑影响中恢复并长期稳定。

诸暨海亮剑桥国际学校在处理建筑群体与自然生态和谐发展具有典型性。学校位于一片宽阔的斜坡上，基地环境被最大化地得以保留，使得整个园区绿树葱葱，建筑师利用山谷的斜坡将新鲜空气导入室内空间。依靠平台、走廊和桥将建筑空间连接在一起，建筑大多数是低矮的多层结构，低矮的体量使掘土量减少到最小，整个校园如同从自然里生长出来一般（图 6-1）。

[3] 弗兰克·劳埃德·赖特．一部自传 [M]. 上海：上海人民出版社，2014.

图 6-2 玉环乌石学校（图片来源：UAD 作品）

2）建筑营建与生态修复的平衡

生态系统总是有自己内在的复杂规律，有着严谨的生态平衡原理。生态系统中的生物和环境，构成循环的每一个细微组成部分，都有着对整个系统不可或缺的重要功能，这些细微且重要的结构和功能组成了一个相对稳定的生态系统。建筑身处其中，必然与环境相纠缠，因此无论何种形式，何种体量的建筑都会对当地的生态造成或大或小的影响。

设计者必须对生态系统有着严谨的研究态度和敬畏的心理，才有可能产生一种良好的生态建筑意识，方能将建筑与生态尽可能相融地安放到一个环境中去。因此，简单的新型材料堆积，先进技术堆积，并不一定能降低建筑营建对生态环境的影响。而必须充分深入研究当地生态特征、地貌环境、水文气象，且进行充分考量和反复平衡，才能得到真正有效的解决方案。

在当下的校园设计中，也必须考虑其对生态修复这项理念的平衡。在一些特殊的校园项目中，通用或者先进的设计理念便不再适用，尤其是对于山地校园设计，生态平衡修复理念愈发具有指导意义。山地校园设计的本质相比于其他建筑形式，本身就更加凸显了建筑与自然间的和谐关系，同时因为山地环境，迫使设计师尽力去合理改造山地地形，降低材料浪费，减少运输成本，更少更小的机械化投入，利用新材料科学地去循环可再生绿色建筑资源，利用新的心理学概念来更深度挖掘建筑业主的深层需求，进一步实现人与社会经济、自然环境的和谐发展。

例如玉环乌石学校就位于一座山林中，场地内原始高差达数十米，植被茂密繁盛。得益于天赋的自然条件，整座校园的设计与山地共构，依山而建，聚散有度，适度建设。为学生营造一个与环境交融的校园，并很好地实现了自然生态的平衡修复（图6-2）。

3）关注建筑全寿命周期

全寿命周期（Life Cycle）的概念可以理解为“从摇篮到坟墓”（Cradle-to-Grave）的整个过程，它在目前有着广泛的概念运用。它指在设计阶段就考虑到产品寿命历程的所有环节、将所有相关因素在产品设计分阶段得到综合规划和优化的一种设计理论。全寿命周期设计意味着，设计产品不仅是包含了产品的功能和结构，还包括了所设计产品的规划、设计、生产、经销、运行、使用、维修保养，直到回收再用处置的整个过程（图6-3）。

建筑全寿命周期（Building Life Cycle）简单地说就是指从材料与构件生产、规划与设计、建造与运输、运行与维护直到拆除与处理（废弃、再循环和再利用等）的全循环过程。其分为四个阶段，即规划阶段、设计阶段、施工阶段、运营阶段。

全寿命周期概念的引入满足了人们对产品和消费日益递增的需求。在关注建筑全生命周期的同时，设计师可以更多地关注到建筑与环境、社会、人文间的事实动态关系，从而更好地进行平衡。这无疑给可持续建筑、生态建筑，也包括中小学校建筑提供了一种新的支持。

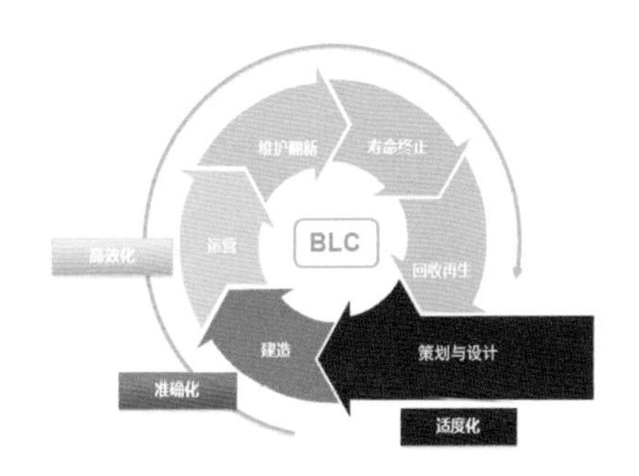

图6-3 建筑全寿命周期（图片来源：百度百科）

4）校园生命周期的有机性

校园建筑类似一个完整的神经网络，其每个独立的结构单元不能仅仅被孤立研究，而需要联系上下层级进行考虑，而新的结构也必须从原有的基础上形成，才能使整个校园框架处于一种有机的发展中。这种有机生长模式应当在校园规划最初就积极引用和借鉴，生长、更迭，在产生新叶片的同时，不会对原有的系统造成过多影响，在保持竖向层级关系和横向组织构架的基础上，与原有系统紧密结合，形成繁荣的荫蔽。这种模式适应于积极多变的校园环境，是实现校园发展的可行途径。

设计师在关注校园空间容量扩充之外，还需要着眼于建筑内部空间和功能的灵活转换，就像叶片中细小的脉路一样不容忽视。这是实现校园生态循环稳定，使校内各种资源都能灵活配置使用，实现“群集、可变性、变化和生长”的重要设计因素。与此同时，校园结构的扩充不能是简单的填充式膨胀，而需要跟随既有的，有秩序的脉络下进行协调生长，才可以使校园生态处于一种发展式的自我完善之中。

5）追求艺术风格与技术经济可行性的平衡

建筑设计应始终关注艺术风格与技术、经济可行性之间的平衡关系，重视对设计地段的地方性、地域性的理解。

在技术处理上需要侧重于基础建筑技术的使用，通过优化建筑功能需求，尽可能使用简单且合适的技术。

在空间处理上应考虑对当地气候条件的利用，以减少能耗，在材料选择方面，提高内在能量的开发和循环使用的意识，这是使生态建筑摆脱机械冷漠的技术罗列的误区与模式，也是焕发出属于建筑本体的艺术生命力的关键所在。

6.1.2 校园的可持续发展

建筑在大多数时间里都给人一种恒定的感觉，容易使人将它视作一种静态体。在项目的整个生命周期中，大多也只重视其中设计与施工的阶段，而忽略了其实更为重要的使用维护阶段。建筑是根植于时间维度中的，建筑、环境与人文总是在动态发展的，为此设计师也必须将时间维度纳入设计考量，将建筑物视作一个在不断生长和消亡的生命体来看待，最终协助达成“可持续”的目标。

同样，一所校园也会在外力、材料、时间和空间的作用下不断变化。一个好的校园建筑设计需要足够的智慧来包容和协同多种生态技术与建筑技术，并且需要很强的前瞻性来确保其不论在任何阶段，无论是成本或者工艺，使用或者维护，总是处于可控状态。随着项目时间的推移，使其总是能满足不断变化的使用需求，并总是有着足够的改造空间。这便是一个学校建筑设计在广阔的时间维度中需要设计师去反复打磨的地方。

浦城一中老校区，多数建筑建于20世纪七八十年代，目前的校舍仅仅能够满足功能的基本需求，尤其是教学楼善学楼，外观已经十分破旧，完全没办法满足当下校园对于教学楼的多重需求（图6-4）。浦城一中善学楼改造项目，设计师希望在有限的投资范围内实现外立面更新的同时还能体现一定的文化内涵。改造通过拆除过多构件和改变材质，起到调整窗洞及主楼比例的效果，提升整体的协调性和耐久性。立面更新的主要基调为浅黄色，使教学楼整体风格更有活力（图6-5）。在善学楼入口增设门头，将正中原有的结构柱转化为印刻“明礼弘毅”的文化屏风，彰显百年名校的校园文化和礼仪感。入口两侧增设廊下阅读空间，课余时分学生可在此畅谈交流，休憩嬉戏，满足现代教育理念的交流开放性。随着时间的推移，绿藤逐渐沿文化石蔓延，呈现绿意盎然的景象（图6-6）。

图 6-4 浦城一中善学楼改造前（图片来源：自摄）

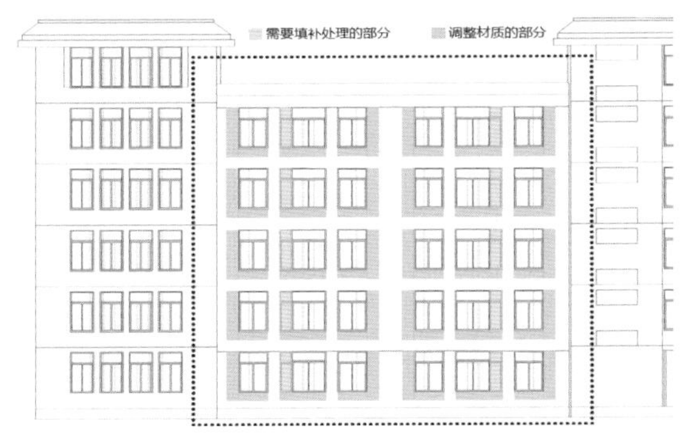

图 6-5 浦城一中善学楼改造立面设计（图片来源：自绘）

图 6-6 浦城一中善学楼改造后（图片来源：自摄）

当下，我国已推行建筑质量终身责任制，建筑设计师的责任和荣誉将被镌刻在每一个作品上已经成为时代的潮流。建筑设计人员直接服务于业主与大众，贯彻建筑可持续是践行社会责任的现实需要和表现。由此建筑全寿命周期这个概念及其相关产品涌入建筑行业。

在这种大环境下，实行可持续对建筑业可持续发展有着重要和积极的作用。设计人员必须扩展自己的视野，将平衡建筑、生态建筑、全寿命建筑等新兴概念有机融入设计，将终身运维的设计理念贯穿设计生涯，才能完成更具经济效益，更具时代意义，更具社会积极影响力的建筑设计。

1）全寿命周期设计的出发方向

建筑全寿命周期设计可以有多个方向的设计角度，但无论如何都包含了以下两点：一是由建筑本身出发，以其特定的建筑生命周期为研究对象，针对其规划、设计、运营、使用和维护，直到最后回收处置的全部过程为基底，做好每一项技术设计工作。从这一角度出发需要设计人员有丰富的技术和经验储备，即可较为妥善地完成。

第二是从建筑的业主对建筑的需求角度来出发。这一设计方向是以人为研究对象，一方面需要对使用群体进行大量的研究和调查，一方面还需要对时代变迁和社会环境有着深刻的理解，在这些基础之上还需要对人群习惯偏好和审美倾向做出预估。从这个角度出发的设计研究会更困难，更具挑战，但同时也更符合当下先进的建筑设计理念。

2）终身运维的动态平衡原则

众所周知，人总是处于环境中，且人与环境之间总是存在着相互作用。这两者之间的交互可以在人类的智慧和环境强有力的自我调整中取得一种动态的平衡。对于一个建筑设计者而言，这种平衡也同样会存在于每一座建筑的每个发展阶段。

人对于建筑功能的需求总是在发生变化，与此同时，建筑在漫长时间中的徐变使其对人们提供的空间和感受也在不断变化。这两者的变化会不断打破原有的平衡，然后在改造结构或者改变用途中再次获得平衡。这就需要这座建筑的设计者、建造者、维护者、业主等所有的参与者通力合作，以生态可持续发展的理念去使平衡再度恢复。

3）技术手段和指导意义

建筑终生运维的设计要求背后，实则是对建筑设计技术手段的一次考验和提升。同时，老旧的设计工作方式可能也需要进行升级换代。重中之重，是需要有充分的前瞻性和均衡性。

对设计对象的可持续性和可扩展性的每一个可能要素进行细致且谨慎的分析，运用专业的技术手段使建筑具备良好的适应性和应对功能变化的能力，为建筑在整个生命周期中总是能处于平衡打下优良的理论和资料基础。同时，需要不断关注和跟进建筑生命周期的每一个阶段。无论是设计建造，还是维护更新，一方面要面对不同业主去重新记录和迭代功能与诉求间的矛盾，不断更新原有的数据和资料基础；一方面要对这些变化做出合理的判断和应对策略，同时充分发挥不同专业间的协同设计以及跨学科、跨领域的合作设计。

在小的维度上，发展多方面的重用技术。包括材料的重用、标准构建的重用、建筑物以及建筑内空间的重用等。这些重用，符合可持续、绿色的理念，同时能尽量减少对环境的影响和压力。

在大的维度上，发展和推动城市的有机更新，做精做细，高效利用城市空间。建筑师必须更主动地承担起建筑项目全过程的成本控制责任，通过各种手段来使整个项目向自己预想中的方向良好发展，而不会在某些时候失去控制力。所谓的成本控制并不局限于设计施工成本，而是把更多注意力放在规划、使用与维护成本上，在项目初期就尽可能使用低环境影响的策略，在设计中加入更多能源循环手段，以全面节省资源等措施。

6.1.3 动态永续的弹性空间构建

随着中小学教学模式的更新，校园动态性的发展是必然的。随着教育理念的更新，学生在学习和生活中，其个人或团体会对交往空间的多层次性产生更强烈的意识，同时校园在自身发展过程中也会使学生对空间的可变性提出新的需求。一个可持续的校园大环境，是除了承载基本的教学、生活、文体活动外，能够在教育体制或业主需求发生变化的时候，具备适应更新并灵活转变空间定义的可能性，使校园处于一种可永续生长的状态，以延长校园更替的周期。在这种不确定中，尽量让设计中保持对这些不定因素的弹性空间的预先考虑。

1）探索不定空间价值

校园业主的行为发生具有不确定性，而空间需要为知识结构复合、学科交叉等方面发展提供条件。许多特定的功能空间不再被限制在某一固定的地点，功能开始流动，伴随使用需求的改变衍生出不确定性。有鉴于此，日本著名建筑师槙文彦曾提出“不定空间”的概念。他认为随着社会的发展，

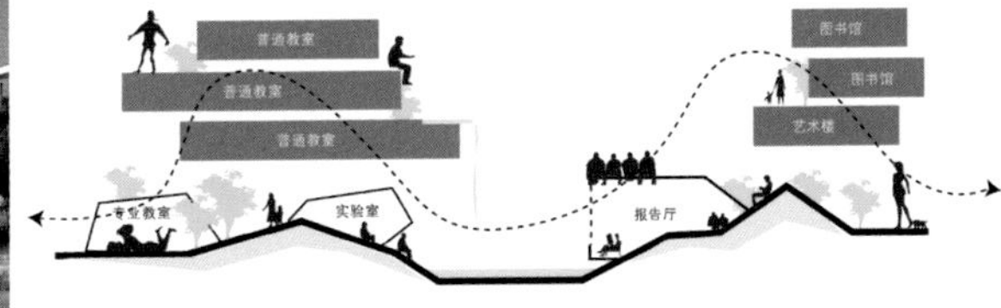

图 6-7 德清新高级中学过程方案（图片来源：UAD 作品，自绘）

人与人或事物直接的反馈会更加敏捷，产生更多有意识无意识的随机行为，应使“有限的空间”去适应人们的“多种活动”，在实际使用中发挥其最大效用。

因此，空间的“不定”几乎等同于空间功能属性的多样性，是指空间不再局限于单一功能。在发展中有更多转换余地，它拓展了传统的空间概念，具有更强的可调节能力和适应性，使得空间的价值得到充分挖掘。同时在集约资源的层面上也有一定的探讨价值，这在事物发展日新月异的未来，对学校设计有着重要的意义。

2）营造非正式学习场所

路易斯·康对学校曾有过这样的认识：“在一棵树下，教师不把自己当成是教师，学生也不把自己当成是学生，这样的一些人。就许多实践问题平等地进行交谈，这才是学校的开始。”[4]

对于中小学校园来说，非正式——不具备特定行为或功能限定的场所，由于其空间特征较模糊，功能内容多样化，具有明显的不确定性，促使师生可以在一定范围内自由地定义其当下的使用功能。非正式学习可以发生在学习和生活的每一个角落，形式多样，随时随处都有可能发生。对学生而言，非正式学习场所避免了空间的呆板或机械化，舒适的环境是非正式学习独特的吸引力，其往往采用亲近的尺度，置身其中可以体验到可停、可留、可游的归属感。

实现校园非正式学习场所的营造，才能激发更多学习交往行为的发生，更高效地利用校园空间，放大有限空间的功能设置可能性，以应对校园非正式学习中日渐多元化、复杂化的学习行为类型。德清新高级中学以人造地景的观念进行立体化的空间叠合，为校园定制了许多模糊的场所，它们可以成为师生想要的任何地方：闲暇交流、艺术展览、读书空间，甚至是看星星的地方。这些非正式的学习空间与环境融为一体，建筑只是提供一个场所的氛围，留白给业主决定使用空间的方式（图 6-7）。

3）校园功能共时性复合

功能的共时性复合，是用空间动态的理念来对待既有空间和可变功能之间的联系，能让业主在某一时刻感受到多样的功能属性，增强了既有空间的可调节能力和适应性，营造动态永续的弹性校园。

教学功能自身的复合，体现在教学可共享空间结合。如自习室、合班教室、排练室，以及行政楼的资料室、会议室等，在设计中将各功能空间的通用性增强，实现替代共用，从而在一定程度上降低了使用频率较低的一些空间的利用，能够更好地提高空间利用率。生活区自身的复合，体现在宿舍、餐饮、服务配套等像一整个社区般融合在一起，使得校园生活更为方便快捷。

---

[4] 王维洁. 路康建筑设计哲学论文集 [M]. 台北：田园城市文化事业有限公司，2000.

图 6-8 溧阳市实验小学新校区（图片来源：UAD 作品，摄影 章鱼见筑 ）

除了自身的功能复合，教学、生活、文体功能之间还可以交叉复合。通常是同时将它们有机地组织进一个建筑综合体，比如一些学校已经开始将体育馆与食堂、行政楼与图书馆等组合设置。

这种设计手法除了增加空间的使用频率，还能实现部分配套资源的共享，相较于单独分置一定程度上更为节能经济，也足以适应当代日益严苛的用地环境，体现集约化的思想。

溧阳市实验小学新校区某种程度上类似一个小型的城市，建筑、交通、景观的相互交织形成了物理空间。不同年龄的学生与教师组成了小型的人类社会，这个小型社会的不断发展，业主的行为模式会发生转变。建筑师在设计初始便考虑了将许多可资源共享的空间组织进一个建筑综合体，在使用上实现既有空间和可变功能之间的联系和转变，也对场所发展中的动态弹性要求做出了回应（图 6-8）。

4）校园功能历时性转换

校园内某些建筑空间在一些时间段内的利用率较低，功能历时性转换就是考虑在其非利用时间，将其转换为其他功能之用。比如，食堂的就餐区、艺术中心的礼堂、排练室、体育馆部分活动室、教学组团内的合班教室和视听室等都具有时间维度的空间多样性。

各大功能分区内部的历时性转换可以体现在教学组团自身的公共教室、阅览室转换为其内部的自习或讨论小组的功能，体育馆的羽毛球场和篮球场可以切换使用。

几个功能分区之间的历时性转换可能性更为丰富：

教学与文体的历时性转换可以是合班教室、视听室、图书岛等转换为社团活动空间，同时社团活动室也可以反过来给学生提供讲座、讨论和自习空间；教学与生活的历时性转换是利用食堂的空余时间段进行自习与交流；生活与文体的历时性转换形式多样，目前较为常见的是食堂与临时演出空间的转换。

为了实现功能更高效的历时性转换，在设计阶段就应预先做出空间的适应性考虑，在空间的尺度、形态、采光、通风等一系列属性中寻找平衡点，以提高转换过程中的兼容性。

图 6-9 浙江大学教育学院附属中学开放公共区转换为讨论场所（图片来源：UAD 作品，摄影 章鱼见筑）

浙江大学教育学院附属中学的设计实现了校园空间的功能聚集，错峰利用。比如食堂的就餐区和一些开放公共区在非利用时间被作为学生讨论交流小组活动的场所。这种功能空间历时性叠合，使得建筑功能与空间在时间维度构成的一种优化组合，既能有效节省建筑运营成本，同时错峰复合也会营造出不同的行为体验（图 6-9）。

5）校园功能与社会功能的转换

部分建筑空间在寒暑假使用率几乎为零，这些功能空间都可以在假期等必要时间向城市开放，来提高校园空间的利用率，实现校园与社会的资源共享，降低自身的运营成本。

教学组团中部分公共性较强的空间，如合班教室、通用技术教室、计算机教室等，可以用于租赁，来承载培训、讲座、沙龙等社会用途；生活区的食堂空间，需要时可以满足社会招聘、宣传放映等功能的转换；文体功能与社会功能转换的可行性更高，学校的体育中心、游泳馆、活动室可以对外承接小型比赛，礼堂和器乐排练厅等可以转化为对外的小型演出和社会招聘等功能（图 6-10）。

因此，为了更好地达到闲置校园功能与社会功能的转换，在设计初期就应充分考虑这些空间的布局位置，比如可以选择设置在靠近校园出入口等区域，以及如何与校园其他内向型空间的分离，减少干扰也有利于运营管理。

图 6-10 滨海小学体育中心的功能转换使用（图片来源：UAD 作品，摄影 赵强）

图 6-11 北大附属嘉兴实验学校水院（图片来源：UAD 作品，摄影 赵强）

北大附属嘉兴实验学校项目，因用地较为紧张，整个校园呈现出高效集约的特点，各个学部自身均为一个教学综合体。考虑到部分功能未来将对社会共享开放，因此在规划布局和分区上对不同的使用功能做了适当的区隔，避免了对校园内部的干扰，又为可能共享的功能使用创造了更便利的条件。如今，学校的游泳馆已考虑与社会实现资源共享（图 6-11）。

6）附属空间的功能重构

校园的附属空间是相对于功能空间而言的，指除了交通或短暂滞留外无特定使用功能的空间，主要包括交通空间、连廊平台、屋顶花园、入口空间等。它可以作为功能空间的联系、过渡与扩展，可以诱发多种功能活动，只是这些功能活动是灵活动态和随机变化的。

由于附属空间具备特殊的属性，即它们通常拥有一些单纯空间所没有的场所感，以至于学生更倾向于自发性地在其中发生停留、交往等行为。因此，更应考虑在未来利用附属空间的剩余或者说富余空间，作为校园发展的弹性储备的可能性，对附属空间进行分解和重构，打破单一的空间层次，使其可以融入既有的功能空间。也可以再次裂变成不同的空间，为有限的空间留有融合和扩展的余地，打造更有生长力的有机空间形态（图 6-12）。

北大附属滕州实验学校中设置了许多丰富的交通空间和连廊平台，它们没有明确的路径、顺序和方向，可以根据需求随时改变其空间组合和使用形式。比如门厅作为交通枢纽，除了解决基本的人流作用，还可用作共享中庭，结合校园的信息发布和文化展示，成为学校对外展示的一个平台。走廊空间也被适度拓展，形成额外的交流平台，将碎化了的功能与纯粹的交通空间相结合，从而提升行为体验的多样性（图 6-13）。

图 6-12 北大附属嘉兴实验学校室内（图片来源：UAD 作品，摄影 赵强）

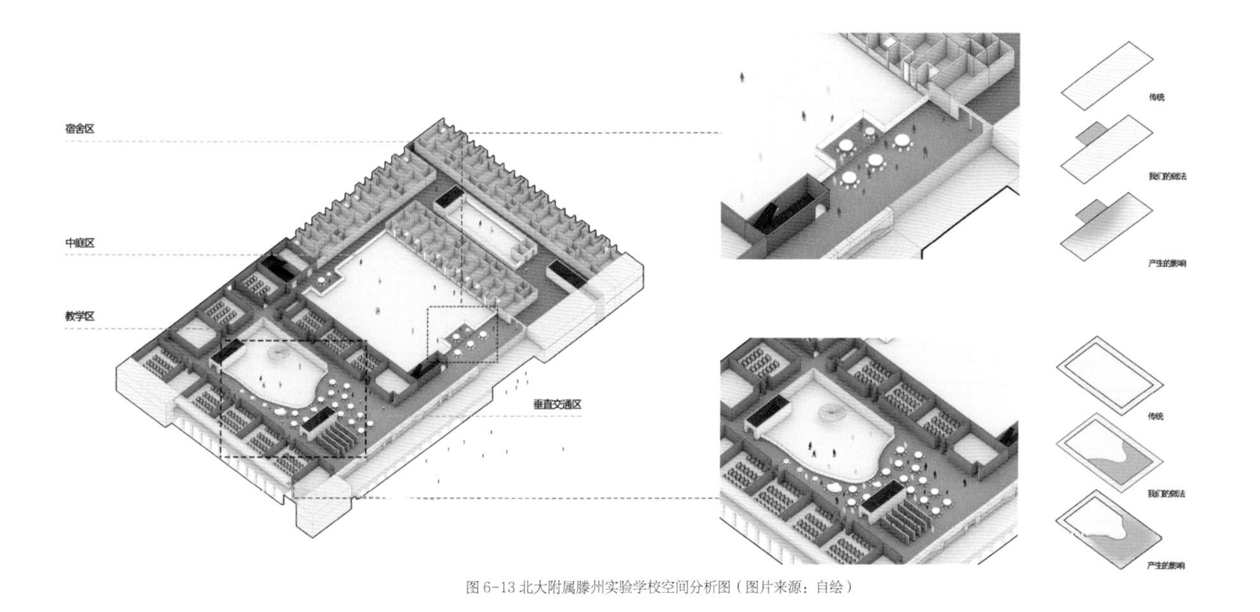

图 6-13 北大附属滕州实验学校空间分析图（图片来源：自绘）

6.2 设计实践

6.2.1 顺昌第一中学富州校区

闽江起源处、顺达昌盛地。

校园是一个有机的整体，承载着学校的历史和师生家长的情感，它应当有自己的性格，有独一无二的生命。我们希望顺昌一中新校区能够成为一代代顺昌学子成长学习的最佳场所，在这里，他们能认识和发现无处不在的美，在这里，他们能吸收传统文化的精髓，在这里，他们能拥有快乐难忘的少年时光（图 6-14）。

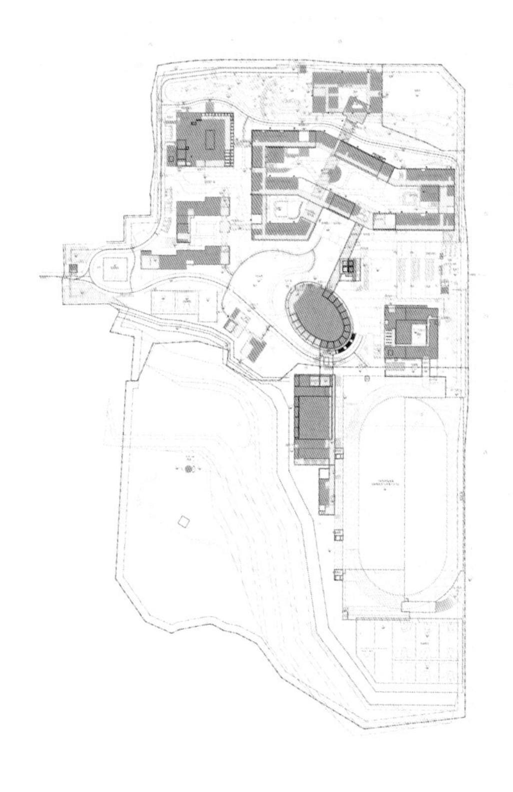

图 6-14 校园整体规划（图片来源：UAD 作品，自绘）

图 6-15 校园场所（图片来源：UAD 作品，自绘）

1） 概述

顺昌，位于福建西北部、武夷山脉南麓、闽江上游富屯溪与金溪汇合处，为“闽江起源处、顺达昌盛地”，境内以山地丘陵地貌为主。

福建顺昌第一中学富州校区，位于双溪旧城以东的余坊新区，在规划道路纬三路以南、经四路以西。项目总用地面积 135306.8 平方米，总建筑面积约 66500 平方米。在遵循时代发展进步和教育模式变革的前提下，设计力争为顺昌打造一个生态优美、契合地域环境的山地校园；一处以人为本、满足学生多重需求的绝佳求学场所；一所能给予学生全方位美的熏陶、体现建筑对场所精神架构的现代花园学校（图 6-15）。

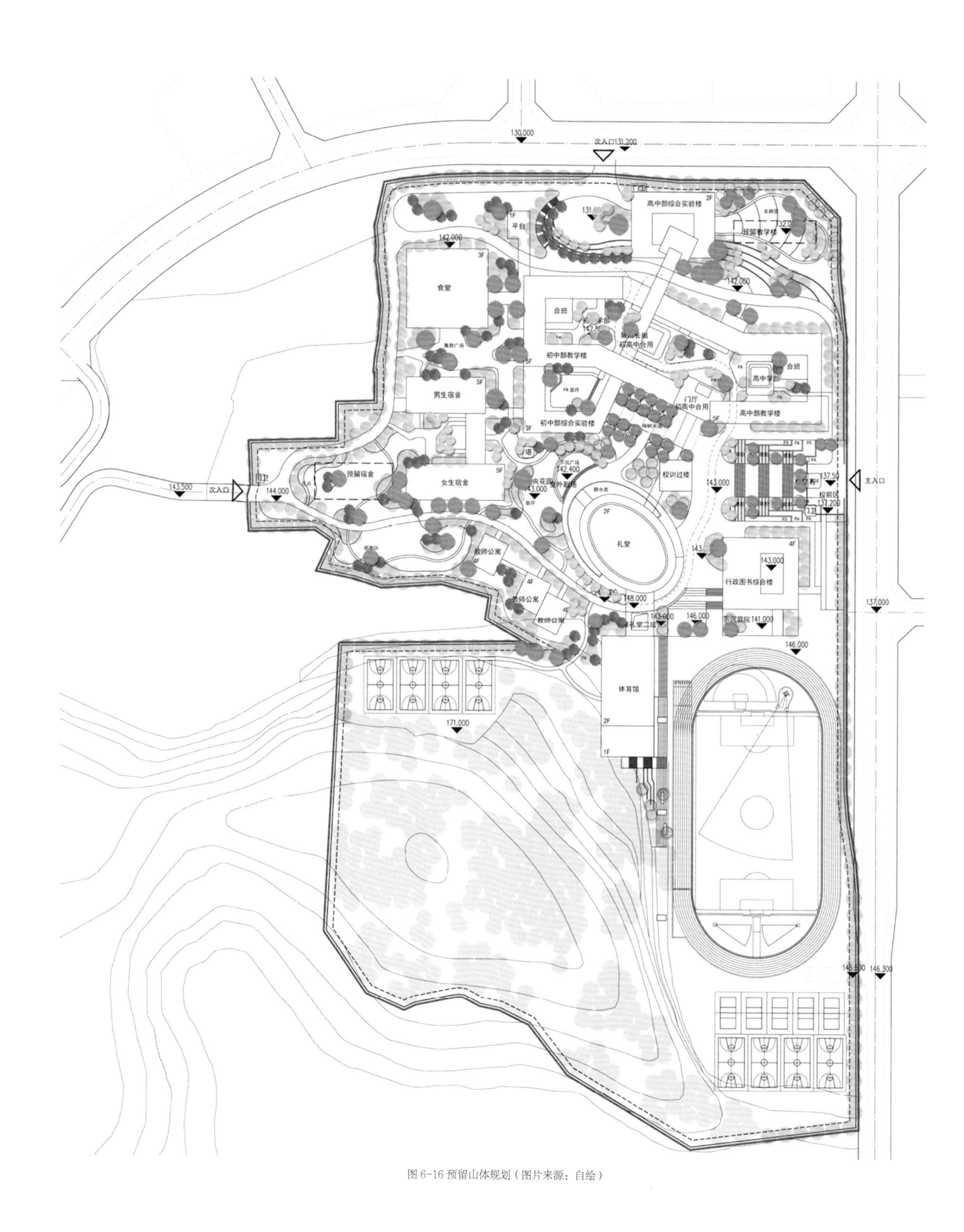

图 6-16 预留山体规划（图片来源：自绘）

2） 道法自然，生态校园

规划用地 202 亩，其中约三分之一用地为地块南侧的山体。对于山体，设计摒弃粗放的地块平整手段，而采取保留并适当改造的策略，将山体纳入校园规划设计的积极因素。将其打造成可观、可游、可用的场所，体现中国传统哲学的自然之道（图 6-16）。

“少破坏山体，少破坏植被，少变动水文状况”，取得生态位之间的协调与平衡。依据地形，以“山、林、院”来组织不同功能及多元空间，创造一个与自然结合的学习环境——以校园拥抱自然，让自然走进校园，校园与自然在这里逐渐形成一个可持续的生态景观区。学生们置身其中，仿若在山林中求学，沿着蜿蜒山路而上，迎着微风欢唱，于泛着清新草香的朝阳中晨读，自然渗透进校园的每一个角落。

3） 因地制宜，降低成本

“因山就势”是校园特色和文化理念的关键所在。设计以尽可能多地保护原始环境为前提，根据现有地形对建筑体量及其与山体的交接关系进行多轮调整，从而减少开挖土方量，合理削减挡土墙高度。最终在建筑地层形成丰富的环境界面，塑造不同标高的多层次山体空间，适宜地保留山地环境韵味，让校园焕发山地校园的生机。

通过理性分析确定校园的出入口和运动区。基地只有东侧和北侧有城市道路，北侧道路标高又远低于基地内部主标高，故而将主入口设置于地块的东侧，标准运动场设置于地块的东南角。车辆通过入口向南可进入利用地势高差巧妙设置的运动场架空层。同时，校园主体建筑大多设置于地势平坦的中北部，这种因地制宜的设计手段可大大降低建造成本（图 6-17）。

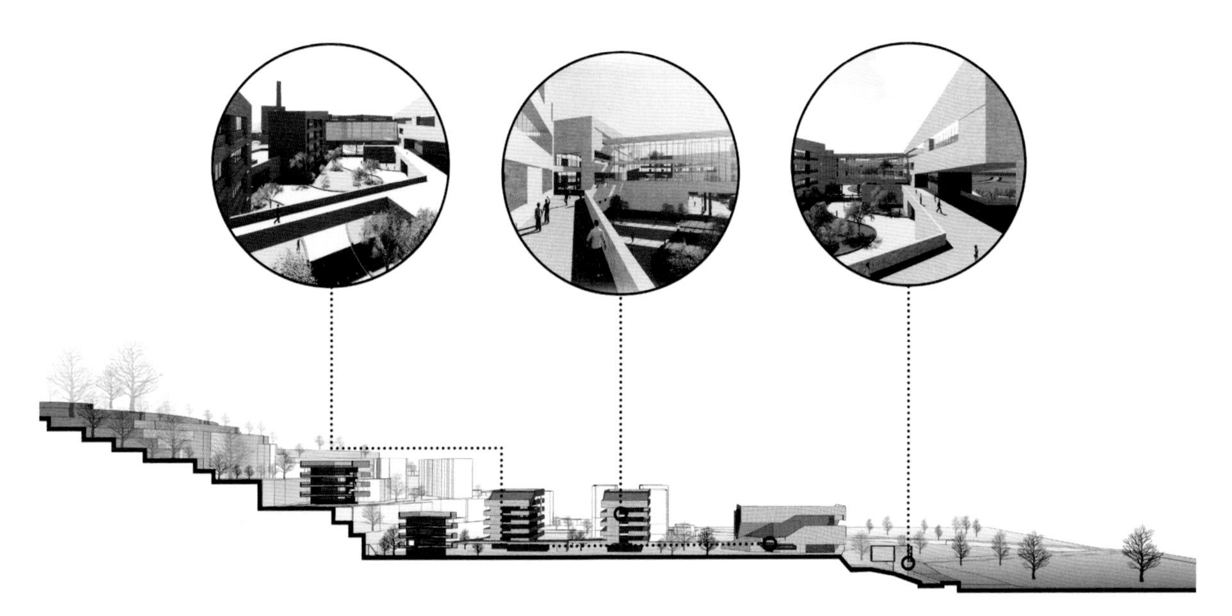

图 6-17 因山就势地尽其用（图片来源：自绘）

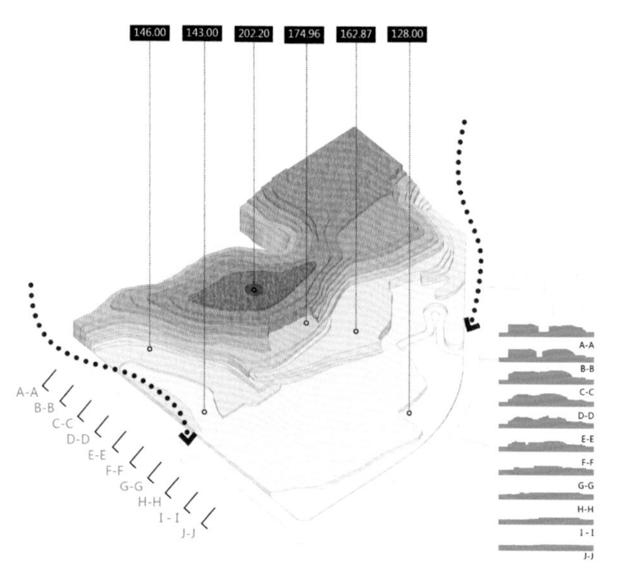

图 6-18 地形保留改造分析（图片来源：自绘）

4） 开放前瞻，持续发展

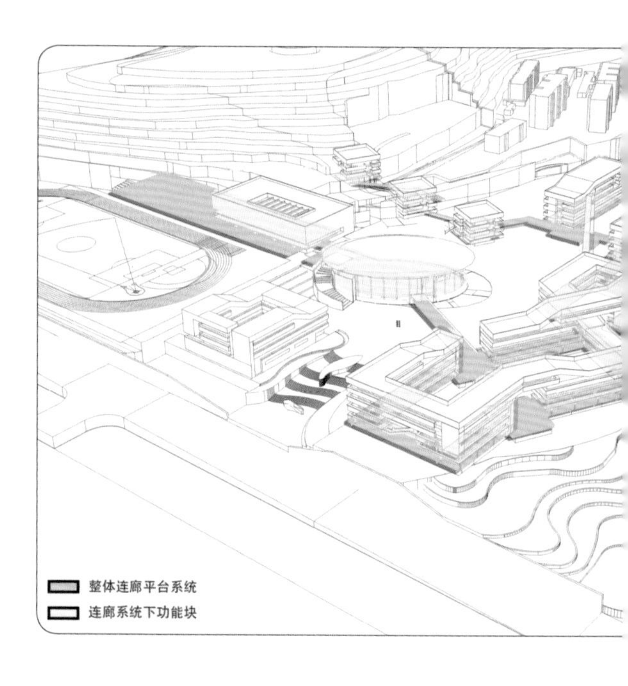

山地校园的建设应遵循可持续发展理念，“前瞻规划，分期建设”，提前预测未来的发展并为其预留土地，同时也可解决集中资金压力和土地承受力等问题。例如场地西南角的后山公园，短期内可纳入社区公园，今后发展亦可以并入成为校园的一部分，成为学生晨读、交流、漫步的自然场所（图 6-18）。

同时，校园采用开放式布局，各个功能空间也都相互贯通，不强调明显的空间界面。这与现代教育要求学生敞开心扉、放飞自我的理念相吻合。自然流动的开放空间设计，为学生创造出更多的积极交往空间，有助于实现和而不同的学习风尚，也为后期运维提供了充分的可调节性。

图 6-19 活力中心花园（图片来源：UAD 作品，自绘）

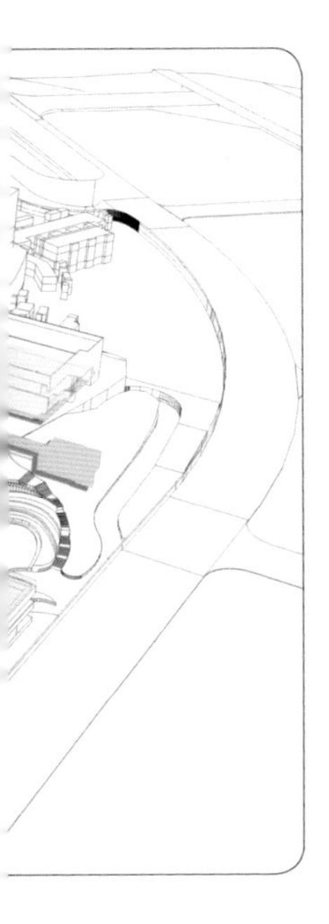

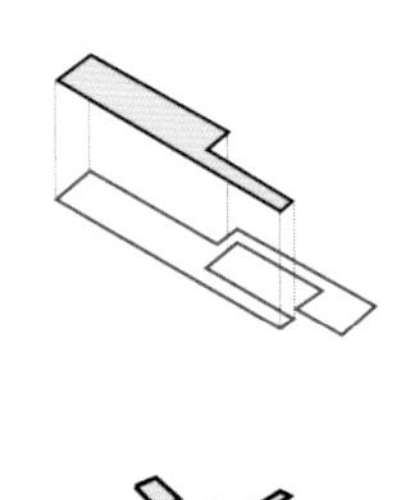

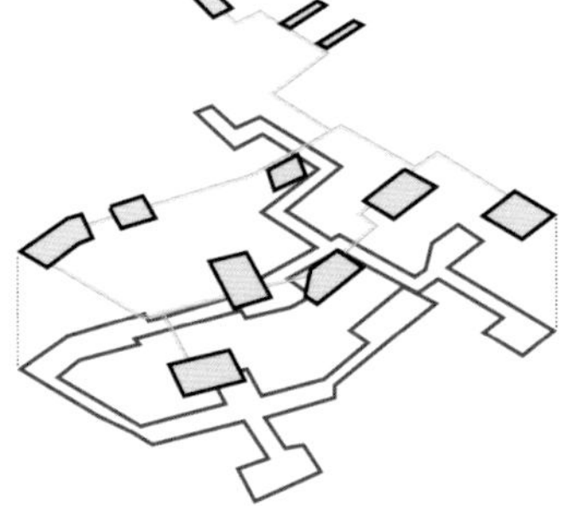

图 6-20 连廊平台体系（图片来源：自绘）

5）活力花园，环境育人

以校园环境促进学生之间的交流，增强学生的自我熏陶，起到“环境育人”的作用。校园景观以蔓延渗透的花园作为基本骨架，形成以活力地毯为中心、建筑组团花园分散围绕的流动开放式布局。以适宜技术保证生态目标，将立体绿化体系渗透至各个建筑院落，结合阳光草坪、校园农田、活力草丘等景观，为师生创造活力多样的户外交流空间，使得整个校园更加有机自然，幽幽林深（图 6-19）。

6）整体布局，有机自然

巧于因借，精在体宜。整体布局上力求依山就势自然舒展，与地形环境有机契合，体现建筑对场所的精神架构，整个校园的融合共生才是建设的最终目标。以中央花园为校园核心，各个建筑组团均围绕其布置，呈现一心多组团的经典格局。花园南接山丘，向西向北渗透至各个建筑院落，如同流水四通八达，使得整个校园空间有机自然，融会贯通。

道路规划力求形成主次分明、联系便捷的道路系统，使各分区都能得到有效组织，并将自然景观融入其中。教学、生活、文体几大区块距离合理，主体范围均为步行区域，主要的教学和生活用房均围绕中央花园布置。除地面步行之外，通过台阶、连廊和平台还组织有数条不同高度的通廊，形成丰富立体的步行体系（图 6-20）。

图 6-22 沿山画卷（图片来源：UAD 作品，自绘）

图 6-21 功能分区示意（图片来源：自绘）

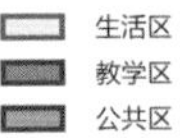

基地东南侧为运动区，标准运动场置于架空层之上，满足高差的同时又巧妙地解决了停车问题。校园主体建筑基本布置在地块中北部的平地上，大致分为中部和东部的教学区、西部的生活区、南部的公共区。教学区包含 36 班高中学部和 24 班初中学部，包含各自的普通教室、专业教室和选课教室。整个学校布局疏密有致，通过平台和连廊将所有建筑有机相连，实现功能联系的最大便利性（图 6-21）。

7） 小结

山地校园设计的本质相比于其他建筑形式，本身就更加凸显了建筑与自然间的和谐关系。顺昌第一中学富州校区的整体布局依山就势，合理改造山地地形，校园景观以蔓延渗透的花园作为基本骨架，使得整个校园空间有机自然，融会贯通。利用新材料科学地去循环可再生绿色建筑资源，进一步实现人与社会经济、自然环境的和谐发展（图 6-22）。

在遵循时代发展进步和教育模式变革的前提下，设计力争为顺昌打造一个生态优美、契合地域环境的山地校园，一处以人为本、满足学生多重需求的绝佳求学场所；一所能给予学生全方位美的熏陶、体现建筑对场所精神架构的现代花园学校。

图 6-23 校园中心花园（图片来源：UAD 作品，自绘）

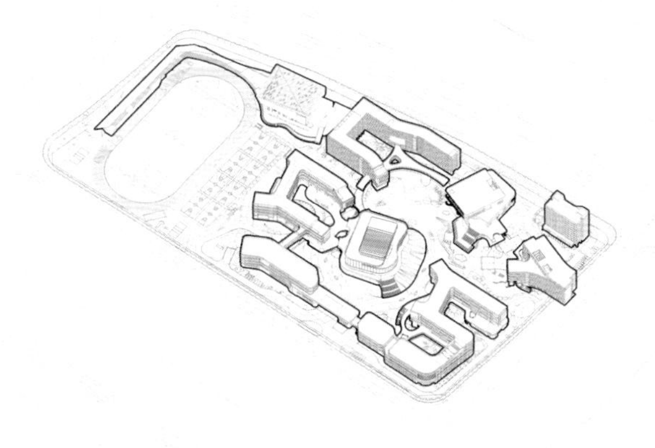

6.2.2 宁波杭州湾科学中学

未来的学校不再是独立的象牙塔，而应与其周边的社会气候共生，尽可能地形成资源共享。在宁波杭州湾科学中学的设计过程中，校园被注入了更多向社区开放的理念，紧扣当下绿色校园和海绵城市的发展趋势，将科学中学打造成一个生态、可持续发展、城校一体的典范校园（图 6-23）。

1）概述

钱江潮起潮落，月季花开花谢，杭州湾畔的科学中学顺势而出，傲立潮头。宁波杭州湾科学中学新建项目位于宁波杭州湾新区，东靠陆中湾，东至规划道路、南至规划道路、西至金源大道、北至滨海一路。规划总用地面积 106914 平方米。项目用地现状主要由苗圃、鱼塘、水渠组成，用地范围的地势基本平坦。

项目规模为一类完全中学 60 班：初中 36 班、高中 24 班、每班 45 人，共计学生 2340 人。规划总建筑面积约 90801 平方米，分两期建设。

校园分区清晰，高中部教学组团和初中部教学组团独立布置；行政楼位于大门的东侧，方便来访者到达；艺术中心位于校园的中心，内设科学大讲堂，是科学的殿堂；北区是整个校园的生活区；体育综合楼位于运动区的北侧，与运动区结合布置，方便校园面向社会大众开放使用（图 6-24）。

图 6-24 校园整体规划（图片来源：UAD 作品，自绘）

图 6-25 沿湖交流空间（图片来源：UAD 作品，自绘）

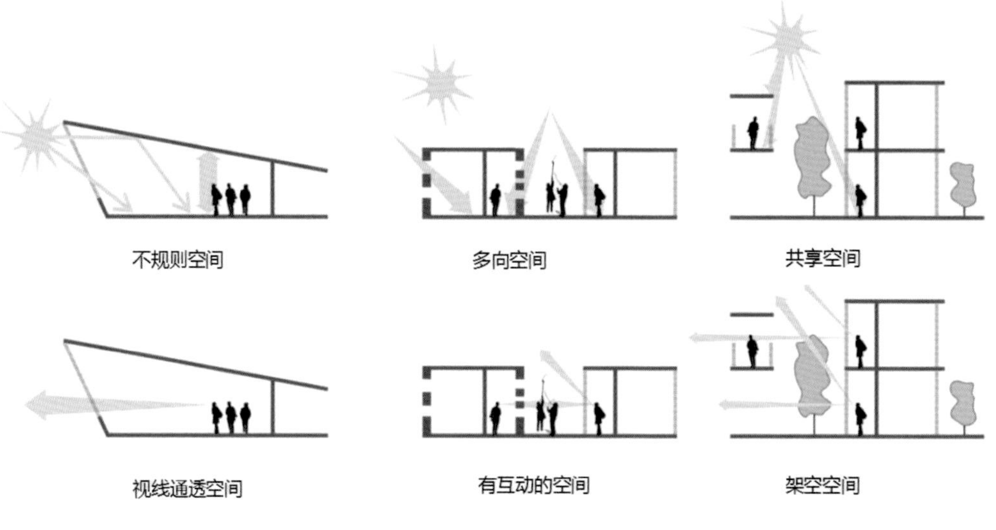

图 6-26 校园空间策略（图片来源：自绘）

2）在地·人本·本真

在整个设计过程中时刻贯彻“智慧创新”的设计理念。具体规划设计中，主要从在地性、人本性和拒绝教育工厂几方面入手：

在地性：根据杭州湾宁波新区的规划理念，结合基地的湿地属性，打造适合杭州湾的新校园。

人本性：从学生心态、行动力方面出发，打造适合中学生学习和活动的新校园，让孩子爱上校园。

拒绝教育工厂：希望消解既有的教育建筑定式，给教育建筑设计带来触动，突破既有的模式。

学校不见得一定是规规矩矩，有轴线、对称和等级的空间。从改变现有教育中的弊端出发，颠覆以往对于校园的印象，回归教育本真（图6-25）。

3）叠加·多元·融合

通过近年多个实例的积累，我们对中学基本功能有了崭新的理解。结合时下不断更新中的教育模式，校园建筑不是对使用功能的简单叠加，而是要将多门学科以及大量素质教育内容组合形成有机整体，以更好地培养学生的创新精神与适应时代发展的能力。

在新的模式中，可以通过教室内部空间的重组，来满足灵活多元的学习组织，激发学生的学习积极性。科学中学的学习空间将会倾向于创造更多的多功能开放空间，使教学空间多元、充满活力，促进学科、教师、学生之间的交流、互动、融合、渗透（图6-26）。

4）校园·自然·城市

设计将整个建筑群落布置在基地的东侧区域。图案化的园路，贯穿于疏林草地之间，展现出了一种动态感，供学生课间漫步、游憩。丰富的地形变化结合开合的硬质空间，为学生打造了多样的开合活动场地。

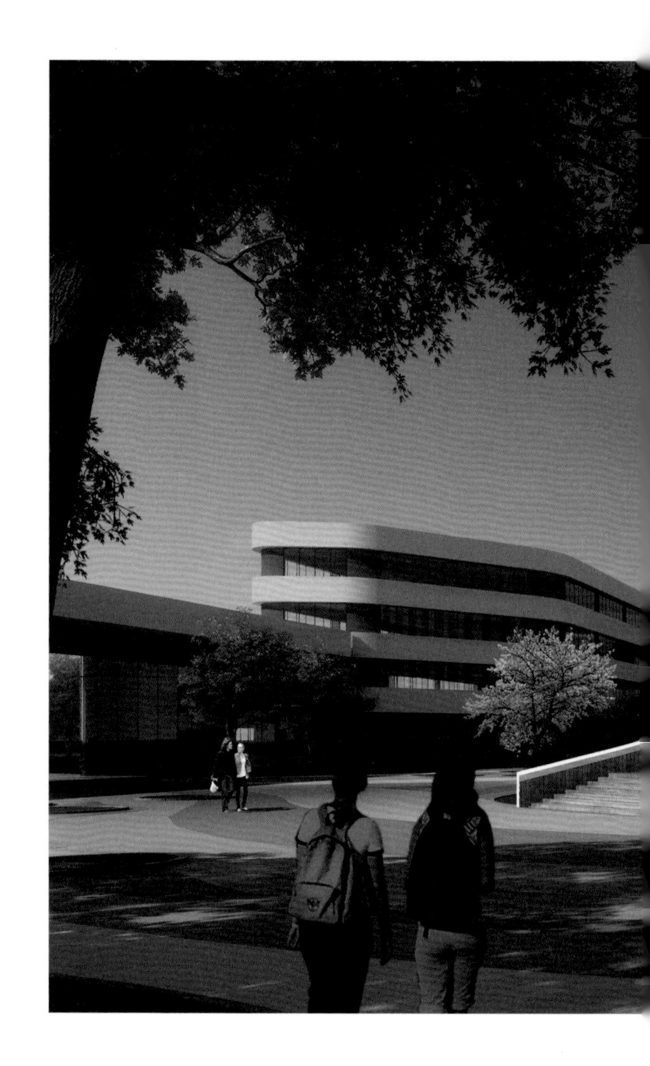

整个基地被营造成一个巨大的城市花园，有湖水、绿坡、平台，让建筑群落坐落在花园之上。在整体形象上，设计赋予了校园显著的识别性，希望其成为城市的一处景观、标志，提升地块和区域建设。同时，这种如同自然生长般的布局形态，在校园中自然而然地形成了许多不具备功能限定的场所，放大了有限空间的功能设置可能性，更有利于实现未来发展中建筑功能的弹性转换。

学校相对于城市，也不再是独立的象牙塔，而是与周边的社区相辅相成的，为未来而建的科学中学注重在满足师生使用的基础上更多地向社区开放，形成资源共享。设计紧扣当下绿色校园和海绵城市的发展趋势，将科学中学打造成一个生态、可持续发展城校一体的典范校园。

5）校在园中，园在校上

良好的校园环境有利于改善和提高教学质量，注重“以人为本，生态教学”。这也是现代和未来的教育模式对于新型校园提出的需求。本设计匠心提出“校在园中，园在校上”的设计理念，不仅是对校园环境的提升，更是将教学延伸到户外的尝试。这种设想在中心花园体现得最为明显（图 6-27）。

图 6-27 开放自由的小广场（图片来源：UAD 作品，自绘）

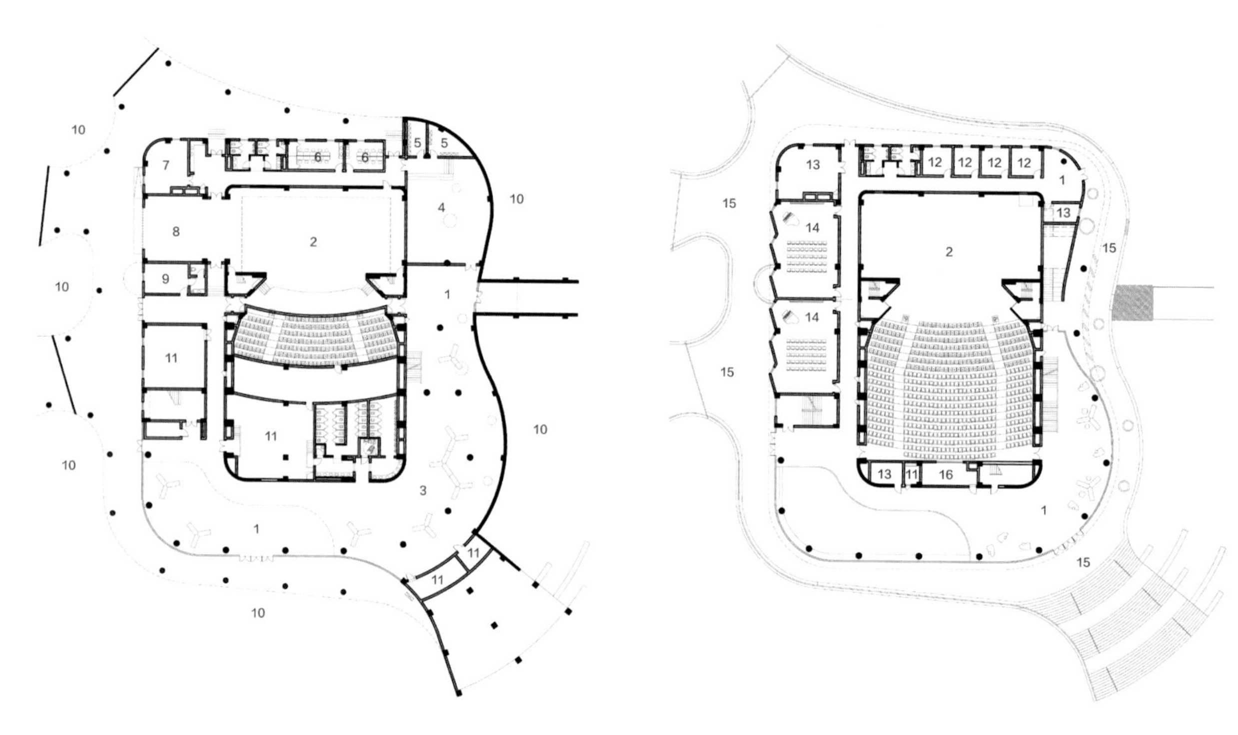

图 6-28 艺术中心平面图（图片来源：UAD 作品，自绘）

1. 门厅
2. 小剧场
3. 学生展厅
4. 排练厅
5. 更衣室
6. 化妆室
7. 道具服装
8. 小侧台兼候场
9. 贵宾室
10. 花园
11. 设备间
12. 琴房
13. 器材间
14. 音乐教室
15. 观景平台
16. 控制室

中心花园位于校园最核心的位置，被艺术中心、食堂、初中部、高中部等几个最重要的建筑单体包围，无疑是整个校区最为活跃的区域。整个花园丰富立体，南部为草坡，北部为水体，延续该区域的湿地特征，草坡和水体之间自然衔接，艺术中心置于草坡之上，体现了建筑和环境生态和谐的关系（图 6-28）。在本案的中心花园处理上，以生态阳光为设计主题，以自然式园林为主要的设计风格，以生态技术为规划。

舒适的环境是学习独特的吸引力。通过草坪、水景、树阵、铺装等景观元素，将中心花园空间打造成丰富多彩的学生交流空间，使得学习交流可以发生在园中的每一个角落。形式多变的硬质铺装、高低错落的软质景观巧妙地弥补了地形高差变化，演变为学生交流休闲的景观节点。亲水平台、阳光草坪，依傍自然水体，均采用亲近的尺度，实现可停、可留、可游，从而打造花园式校园，创造更多充满自然的开放空间。随着项目时间的推移，中心花园总是有着足够的改造可能性，以延长校园更替的周期。

6）结语

结合杭州湾新城的远期规划目标及教育建筑的发展趋势，在科学中学的项目中，设计提出了“校在园中，园在校上”的理念，打造花园式校园，让学生在自然和土地之间快乐地学习和生活，可以是一片既与社会进步一脉相承，又能勾起生活于其间的师生一丝自然情怀的芳草地。

设计希望校园也不再仅仅作为一个学习的场所，同时也是一个社区活动中心，是个时刻充满活力的地方，它既是物质空间，又是精神空间，并能够与其周边的社会气候共生，尽可能地形成资源共享和可持续的发展，维持校园处于一种弹性可变的自我完善，从而更好地实现校园的生态性及可持续发展的动态平衡，为宁波杭州湾新区的城建发展添砖加瓦。

6.3 本章小结

校园是教师与学生面对面进行知识传授和交流的场所，其空间品质的高低，带来的活力的强弱能深刻地影响校园的学术氛围和校园文化。校园规划是一个城市发展的基石，是把文化教育的功能要求以一种与过去、现在和将来相协调的空间形式表现出来，保证学校发展的系统性、合理性、经济性，从而创造出一个高效率的、舒适优美的校园环境来。从规划阶段开始，不仅要将任何宏观或者细部都处于可控状态，还要着眼于良好的设计弹性和为今后规划良好的成长轨迹。

在诸多的引用和案例中，不难发现一个好的终身运维的平衡校园，其着力点总是在建筑阶段的每一个过程和进展，而非结果。“生态可持续校园”是教育建筑对可持续发展思想的一种回应，是强调建筑、人与自然的和谐共生关系的基本所在。生态系统最大的特点的就是可自我调节，这种特点也应存在于生态空间。

为了更好地达成这种动态的调节，设计需在建筑单体或者组合中，使用更多典型化、标准化、模量化为特征的设计来为日后的发展留下更多灵活变动的可能性。将生态作为先导，优化有限的环境自然资源配置，在保护中合理开发，从而积极平衡建筑对生态环境的影响，这是每个时代都必须重视的理念。

在校园设计中融入平衡建筑的理念，并将其整个生命周期纳入设计考量，并落实可持续，是营造优秀校园的必要途径。平衡校园中的持续生态、永续发展，无疑在潜移默化中将建筑设计引入一个更加宽广宏大的意境中。而只有熟练运用它们的设计者，才会为社会和文明留下影响深远的作品。

沧海桑田，生生不息！

第七章

结语：建筑平衡过程的阶段性、相对性与时效性

结语：建筑平衡过程的阶段性、相对性与时效性

7.1 对平衡建筑与校园建筑的总体论述

7.1.1 教育发展的意义

百年大计，教育为本。教育是民族振兴、社会进步的基石，是提高国民素质、促进人的全面发展的根本途径，寄托着亿万家庭对美好生活的期盼。强国必先强教[1]。中小学教育则是整个教育事业的基础，是提升整个教育事业质量的关键，因此提升中小学教育质量是现阶段的重中之重。

7.1.2 校园建设无法满足教育发展需求

我国早些年在教育观念、教育结构、教育体制、教育方法、教育内容和人才培养模式等诸多方面距离发达国家水平有着很大的差距[2]。因此中小学校园的建设标准也无法与发达国家相比较，受到当时的经济制约和教育理念的限制，校园整体缺乏活力且封闭落后。但在目前中小学教育飞速发展形势之下，教学理念和教学方法快速转变。

我国城市中早期建设的中小学校园已无法满足自身的发展和使用需求，并且面临着许多问题，比如校园建设用地不足、设施陈旧落后、空间层次单一，学校教学环境封闭、建筑功能趋于标准化、周边环境缺少区分度、忽视学生成长环境等。

目前我国的中小学校园建设正处于一个高速建设发展的时期，为了满足教育发展的需要，各个城市都在不断新建、改建和扩建各类中小学校园，其建设规模和建设标准虽然有一定的政策标准要求，但不同地区，学校对于中小学校园的期望也大不相同，对于资金的投入也相去甚远。

除此之外，随着城市化进程的加快，城市中各类建设的不断推进，城市用地也日趋紧张，中小学校园建设也受到城市用地的限制，建设用地不足极大限制了中小学教育的发展，而且随着城市人口的不断增长，对基础教育设施的需求在数量和质量上都有所提升，无疑给中小学校园的建设发展增添了巨大的压力。

其中有一些中小学校由于经济条件的改善、城市化进程的大力推进等因素，在新的地块上进行了校园的新建。但由于对教育理念的转变及办学理念的革新不太敏感，校园建设只是在风格面貌上呼应了时代风格，而校园的整体构架和具体的空间要素并未做出调整。

大多数校园仍然按照较为严格分区进行功能布置和使用，主要分为室内教学区域、室内公共区域、室外活动区域等三部分[3]。这些校园在硬件设施水平有了较大的提升，但校园模式老套和空间单一且缺乏创新，多是一些重复的标准

---

1 《国家中长期教育改革和发展规划纲要》（2010-2020）.

2 王欢 . 城市高密度下的中小学校园规划设计 [D]. 天津：天津大学 . 2012.

3 李力 . 当今教学理念下的国内中小学建筑设计方式初探 [D]. 天津：天津大学 . 2015.

化校园建设模式。先进的教育理念、创新的教学模式均无法真正融入校园中。中小学校园缺乏科学合理、与时俱进的规划设计，更加缺少创新突破、面向未来的设计思考。

7.1.3 中小学校园建筑规划设计存在的问题

1）校园总体布局雷同，缺乏场所感与归属感

我国许多中小学校园都有着非常类似的空间感受，总体规划布局以功能分区为主，各功能之间相对独立，缺少必要的联系；校园环境往往忽略学生和自然的联系，校园建筑与景观边界划分明确，缺少互动；严肃的校园建筑和刻板的校园环境，往往给人一种紧张的感受；校园内缺少能够开放交流的非教学空间场所，学校功能单元简单的相互叠加，没有复合的功能空间，且各个功能空间缺乏互动。在这种教学空间氛围中很难对原有教学模式进行创新和改变，也无法激起学生在校园中探索欲和好奇心，学生对校园很难有场所感和归属感（图 7-1）。

2）空间资源浪费，功能空间局促

由于学校建设面积指标和学校教学资源紧缺的原因，在教学单体中、教学单元和公共空间普遍存在偏小的问题，往往只是满足规范最低要求。因此在实际使用中，学生在教学单元中缺少除正常教学以外的互动、交流的活动空间，而这类空间正是学生进行积极互动、探索创新的重要场所。而学校内的其他非正式教学空间，平时也因为学校管理，限制了其功能的完全释放，这也使学生无法按照自己的兴趣爱好来选择自己想要的学习空间，造成了空间资源的浪费（图 7-2）。

3）空间缺乏层次，缺乏趣味性和互动性

在校园中，教学单元、合班教室等教学空间，目前基本都是集中设置在教学楼之中。在这些教学单元中，只能进行正常的教学活动。而对于学生和老师来说，需要更多的是丰富多样的教学形式和轻松自在的交流空间，而在这样的教学单元中，新的教学理念、教学模式很难有应用的场所。公共空间和教学空间之间缺少半开放的空间过渡，整个校园空间缺乏层次，对于学生来说走进教学单元就是走进了教室，心理上感觉不适或有被监视感[4]，缺乏空间趣味性和互动性（图 7-3）。

图 7-1 传统教学楼（图片来源：自摄）

图 7-2 传统教室（图片来源：自摄）

图 7-3 传统校园空间（图片来源：自摄）

[4] 俞涛．校园空间的设计原则和设计手法研究 [D]. 武汉：华中科技大学，2004.

图 7-4 教学楼架空连廊（图片来源：UAD 作品，摄影 赵强）

图 7-5 斋（第二课堂）（图片来源：UAD 作品，摄影 赵强）

图 7-6 校园一角（图片来源：UAD 作品，摄影 赵强）

图 7-7 教学楼地下篮球馆（图片来源：UAD 作品，摄影 赵强）

7.1.4 中小学校园建筑设计的重要意义

在教育理念已经发生了由“重学科轻人”到“以学生为本”的重大转变之后，现有教育空间却依然发展滞后，保持着原有的刻板布局和灵活度缺失的建筑形式，使得空间的使用受限难以跟上教育理念的转变步伐[5]。

空间将学生汇聚在一起，教师在空间内传道授业，大树下的空间虽然已经无法满足现代教学的需求，但这也从侧面说明，很多的教学活动并不一定是在教室里面。一个好的校园哪里都可以成为开展教学活动的地方，而不仅仅在封闭的教室里面（图 7-4）。

教育学家奥托·赛德尔说：“在学校里孩子有三位老师，一位是周围的孩子们，一位是老师，另外一位是房间。”而教育理念作为教育行为发生的基础，其改变会对教育行为的发生模式产生影响，教育行为作为教育空间的主要内容进而会直接影响教育空间的形态和构成，教育理念的转变对于教育空间模式和形态的影响是不容忽视的[6]。

新的教学理念对于教学方式有着质的改变，灵活多变的教学方式可以培养学生更加自由创新的思维模式。教育空间作为校园建筑里的一个重要空间类型，与每一个学生的学习生活都密切相关。开放创新、自由灵活的教学空间对于学生创新思维的开发有着积极的影响，在轻松的环境当中，学生更加愿意主动去思考，提升学习能力；而在单调的教学空间中，学生容易对学习失去兴趣，从而造成求知欲和自主能力的缺失（图 7-5）。

现如今，随着中小学教育的改革迅速地进行，教育理念、教育制度都在发生转变，许多问题也随之暴露出来，成为改革当中的重要突破点。因此如何将校园总体规划设计与教学理念结合、校园教学空间的布置与教学方式的结合，对于整个中小学校园发展具有积极的作用（图 7-7）。

中小学校园承担的不仅仅是简单的教学功能，更是师生快乐生活、沟通交流的重要场所，对学生的成长带来潜移默化的影响。高效、合理、创新的校园设计是能成为学生成长过程中重要的环境保证。校园的总体规划设计在整个校园的建设发展过程中起到决定性、根本性的作用。

合理的校园规划设计不仅能提供舒适、完善的校园环境，同时也可以开拓出更多自由、灵活的创新空间，为教学理念和教学模式的创新发展提供更多的可能性（图 7-6）。

[5] 李力．当今教学理念下的国内中小学建筑设计方式初探 [D]. 天津：天津大学，2015.

[6] 张艳颖．当代教育新理念下的中学建筑教育空间模式与设计探讨 [D]. 杭州：浙江大学，2015.

图 7-8 浙江大学建筑设计研究院有限公司（图片来源：摄影 章晨帆）

7.2 UAD 平衡建筑研究

浙江大学建筑设计研究院（UAD）创建于 1953 年，是国家重点高校中最早成立的甲级设计研究院之一，至今已有六十余年的历史。UAD 立足于浙江大学，有着产、学、研一体化的背景优势，并在教育建筑领域有着非常丰富的研究和实践。同时作为第一梯队的高校建筑设计院，我们持续参与并积极投入教育行业的发展与建设，不断思考，希望通过专业技术水平的提升、社会责任感的弘扬，从而促进教育的发展，并在其中发挥重要作用（图 7-8）。

“平衡建筑”的理念既贯穿于愿景定位这些“知”的层面，也体现在操作实践这些“行”的层面，而建筑师则是“知行合一”的践行者[7]。UAD“平衡建筑”理论的探索研究与在教育建筑领域的研究、探索和实践密不可分。在研究领域，教育建筑功能、空间的变化追随着教育理念的发展，同时建筑的创新发展也诱导着教育的改革。

建筑的理念、技法、空间的变化创新与教育的策略、理念、方法的创新发展密不可分，两者相互作用，共同发展。“平衡建筑”的理念贯穿于我们对于教育发展和教育建筑的这种思考和研究之中，对我院的教育建筑研究起到重要的引领作用。

在实践领域，教育建筑的设计建造不仅需要满足校园的正常使用需求，更多的是要将教育理念通过设计理念、设计手法描绘出符合当下教育理念及未来教育发展的教学空间中去。通过对教育理念的研究和理解，为师生创造出更多丰富的学习活动空间，将教育理念充分融入建筑和环境中，契合当前教育前进的本质与方向。

“问渠那得清如许？为有源头活水来。”建筑师是“知行合一”的践行者，而“平衡建筑”理念正是指导 UAD 建筑师在教育建筑领域进行研究和实践的核心价值观与思想源泉[8]。

[7] 董丹申 . 走向平衡 [M]. 杭州：浙江大学出版社 ,2019.

[8] 李宁 . 平衡建筑 [J]. 华中建筑，2018 (1): 16.

7.3 “平衡建筑”理论在中小学校园建筑中的实践与总结

真正理解、读懂校园建筑还是在我们进行了大量的中小学校园工程实践之后。在实践的过程中，我们遇到过各种复杂的问题，其中有些是无法回避的，而有些则是充满矛盾和挑战的，如何在设计中“平衡”好这些问题是我们实践过程中最重要的课题之一。

随着国家对中小学教育的重视，我们在中小学校园建筑的实践过程中也越来越感受到随着社会的发展，投入的人力、财力逐步加大，中小学校园整体条件有了明显改善，很多学校在校园的整体规划、建筑空间的设计、教学设施的更新、校园学习氛围营造等很多方面得到了提高。

与此同时，随着校园规划设计理念的更新，设计师和学生、老师、管理者、投资者进行了有效的沟通，对不同类型办学模式的学习行为与空间交流行为进行了认真的分析研究，这使得中小学校园设计在建筑空间模式、校园环境营造等方面与使用需求、教学模式相契合，很好地满足了学生、老师、管理者、投资者的需求（图 7-9）。

图 7-9 顶层阅览室（图片来源：UAD 作品，摄影 赵强）

“平衡建筑”的理论建构来自于实践的积累，也是对现实中复杂问题的合理归纳与简明梳理[9]。通过对十余个中小学校园建筑的实践和积累，大致总结为以下五点内容：

1） 从“人”的需求角度出发，让校园所具有的“人本性”为“人”所服务。

“使用者”、“管理者”、“投资者”等这些都是校园建设过程中的主体，面对他们，建筑师的任务就是通过自己的专业知识协调和处理好各个主体之间的关系。首先建筑师需要深入了解“投资者”的实际需求，积极配合进行各项重要决策，并提出合理建议，让投资者的每一分钱都用在刀刃上。在规划设计阶段，充分了解“使用者”的行为习惯和心理需求，结合未来的发展方向，创造出既符合当下同时也能在未来一段时间内满足使用者需求的校园环境和教学空间。

与此同时，建筑师也要与管理者进行交流沟通，吸取意见和建议，并在设计中予以充分考虑，方便日后的管理维护。我们在中小学校园建筑中不追求气派、开阔的校园形象，而是希望通过校园环境的营造、教学空间的塑造、教学设施的完善将校园成为学生成长过程中的陪伴者。

宁波杭州湾滨海小学将“以人为本”作为设计的初衷，通过“在地设计”将场地内的排洪河道重新设计整合、破直构弯，融于校园，打造成为孩子们的成长乐园，解决了“投资者”对于校园河道的种种担忧和顾虑。同时充分了解“使用者”的行为习惯和心理需求，为“低、中、高”三个不同年龄段的学生分别设计不同的教学组团，以满足不同年龄段学生的教学、活动、生活需求，并通过二层架空平台相互连接，方便交流、活动的展开。此外，考虑到学校周边发展初期配套设施不完善，学校部分公共设施在特点时段需对外共享等问题，设计初期就考虑设置单独出入口，满足社会需求的同时方便学校单独管理（图 7-10）。

图 7-10 内院与平台（图片来源：UAD 作品，摄影 赵强）

[9] 董丹申．走向平衡 [M]. 杭州：浙江大学出版社，2019.

福建浦城第一中新校区设计则是在尊重自然、尊重城市文化的基础上，营造一座成长于山地绿野之间，根植于地方记忆与发展脉络之重的现代园林书院。在校园设计中以师生的学习活动场景为前提，通过空间的创造、场景的塑造、氛围的营造，希望带给师生的不仅仅是空间形象的记忆，更是浦城文化的总体意象氛围。传递着浦城的城市特质与人文内涵，促成一代代的学子形成共同的价值取向、心理归属和文化认同，从而更好地达到教育的目的。

2） 打破传统的校园建筑模式，进行创新和功能重组，使之更好地服务于当前和未来的教育模式

随着中小学教育飞速发展、教学理念和教学方法的快速转变，传统的校园建设模式已无法满足当下教育的发展和师生的使用需求。校园建筑需要打破传统，寻求创新发展，从而推进中小学教育理念的改革和发展。通过总体布局的创新，将不同大小功能的区块在平面上进行交叉融合布置、并在三维空间层面上进行功能布局，在有限的用地范围内，最大限度地保证空间使用效率。

组团模式的创新，解构传统功能单体，将教学空间作为主体，融入活动、实验室、图书馆、办公等功能空间，重新进行组合，形成高效、复合的教学综合体。功能空间的创新，打破传统校园空间的功能划分，打破原本教学、办公、活动之间的界限。减少单一功能空间设置，强调空间的灵活性、开放性和复合性，满足多样化学习模式的前提下，为未来教学模式的创新提供可能性。

北大附属嘉兴实验学校在设计之初就打破传统校园中教学区、活动区、生活区三者分立的功能模式，进行创新和功能重组。提出“校园综合体”和“教学综合体”的设计理念，有意识地模糊各类教学空间、公共空间之间的边界。教学空间从传统教室到走班教室，从基本课堂到隐形课堂，在不确定性中寻找现在与未来空间的平衡。把空间的多元化、适应性和模式多样化的考虑贯穿始终，使校园各类空间交流共享，营造文化殿堂（图 7-11）。

华东师大附属桐庐双语学校考虑功能的复合性、使用的多样性、空间的交融性和发展的可调性。在空间布局上强调的是校园综合体和校中校模式的概念，“双廊”教学综合体改变了以往传统教学单元空间的呆板，整合了教学、交流、休息等空间，为师生提供了多义性的空间；创新的“house”模式宿舍空间，共享客厅和独立的卫浴设施，为学生提供细致入微的生活照顾和成长环境。

3）探索多元性的创新观念、多样性的形式组合和多变性的共享空间，创造出更多地融入地域文化精神的开放教学空间

传统中小学校园空间边界清晰，教学功能空间与室外环

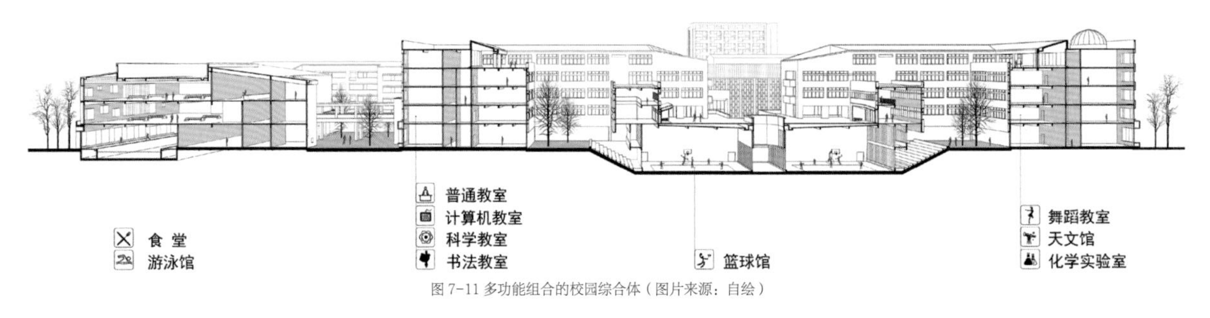

图 7-11 多功能组合的校园综合体（图片来源：自绘）

图 7-12 开放教学空间（图片来源：UAD 作品，自绘）

图 7-13 校园与环境（图片来源：UAD 作品，摄影 章鱼见筑）

境相互独立地存在。传统教育更加注重室内教学空间的建设，往往忽视非正式教学功能空间对学生成长的重要影响，对校园的文化氛围和环境塑造也不够重视，使得整体校园环境单一、缺乏激发学生学习兴趣的空间。

新时期对教育本身提出了多元、开放、多学科相互融合和跨界发展等多重的、更高的要求，教学已经不仅仅局限于封闭的教学单元之中，开放、灵活、共享、多功能的非正式教学空间将是未来更多学习和交流的场所。这些场所可以是连廊、平台、架空、内院，这些空间既有基本的教学功能，同时也融入了校园环境和地域文化。多元的非正式教学空间，是对建筑与环境、建筑与人文的融合，是一种主动的追求与选择（图 7-11）。

德清新高级中学位于“国际化上水田园城市”的浙江德清，在面向未来的城东新区，使用方要求这所中学必须要有国际气息和地域特征。设计中通过传统文化的传承和转译、建筑功能空间的序列营造、开放共享空间的打造，来实现“再现经典，完美诠释西式严谨理性的治学精神；潜移默化，着力营造传统经典的精英教育空间；因地制宜，巧妙营造理想舒适的校园环境”的校园定位。

宁波鄞州钟公庙二中的设计是基于我们对宁波当地历史、文化、人文的大量调研分析之后，确定以“书院传统”为出发点，体现宁波近代“民国”建筑风貌特征，结合现代技术特点的当代“宁波风”建筑。让校园给人留下的印象不是崭新的，一蹴而就的，是带有一种地域感和历史感，仿佛学校生长于斯，历久弥新。校园格局上保留了传统书院序列的同时，融入了多元、复合、开放的校园空间，满足新时代教育的发展需求，也为校园提供多学科互相融合和跨界发展的可能性。

4） 在充分尊重当地的历史、人文、地貌的前提下，进行再次创造和诠释，使学校建筑风格整体明显

在以业主为主导的国内设计业态中，建设方急于求成、对建筑造型盲目追求，给出的设计周期短；建筑设计缺乏与人文、环境之间关系的考虑，建筑形式与功能脱节，缺乏整体与细节的推敲，这些主观和客观的原因都是导致目前校园建筑设计质量不够高的重要因素。

校园设计中，建筑师不是简单地去追求造型的新颖、立面的独特，而是应该更加关注校园所在地区的人文、历史、地貌，用更广阔的视野和全新的角度去思考建筑的整体风貌。使得建筑群体与自然环境相协调、整体风格与社会环境相协调、总体布局与内在功能相协调。体现校园整体的个体价值和社会价值，使得整体校园“溶入环境”。

除此之外，还需要通过细部的处理来增强建筑整体的表现力。建筑细部的内在美，需要通过建筑的表层信息，如恰当的符号、色彩、质感等多方面反映出来，建筑细部的品质根植于建筑功能、结构、文化、技术和材料之中，能充分体现地域特色与生态精神的建筑细部才是真正具有高品质的建筑设计作品。

宁海技工学校设计探讨了江南技校田园个性的表述，描绘了一幅在希望田野上的和谐画卷。规划布局和建筑形态模仿山体的自然形态，呈现出一种粗犷的原野气息，与自然环境相协调。同时为了契合技校独特的性格特征，设计对传统院落空间的回溯，通过尺度、界面、色彩等方面的严格控制，创造出方向各异、尺度多样、收放有度的弹性空间、成就独特技校个性的场所体验，与社会环境相协调。此外，引入的立体交通和不确定的行走路径将建筑各个功能串联，形成多样丰富的非教学空间，与内在功能相协调（图 7-13）。

桐乡市现代实验学校新校区位于一座被江南文化浸染千年的小城，这里小桥流水、粉墙黛瓦的形象深入人心，设计充分尊重当地文化和传统城市形象，创造性地用筑巷、造园、塑形等方法，将校园的空间、景观、建筑有机融合，既保留了江南水乡的地域特色，同时也体现了新时代校园的时代感，整体连贯、浑然一体。

5）基于当下教育的发展，尝试对未来的教育模式如何变革进行一定的探索和尝试

一些校园缺乏长远规划和可持续发展的理念，只是着眼于当前的需要，而不是以发展的眼光来完成学校设计和建设，不考虑是否能适应未来教学的变革，是否契合未来教育的发展方向，因此校园规划整体也缺乏可持续发展的理念。

世间万物，无不是在动态发展的，当我们将建筑本体放到时间维度中，建筑是在不断生长和更新的，因此对于校园建筑的设计思考不能局限于当下，建筑师需要从其整个全生命周期来观察和思考，在满足当下使用需求的前提下，思考教育未来的发展方向，以发展的眼光来看待校园建筑与校园环境在整个生命周期内的使用需求和更新需求，树立校园建筑全寿命周期的观念。并将这种理念和思考充分融入设计和建设中去，使得校园建筑具备适应更新并灵活转变空间的可能性，并处于一种可持续发展的状态，预留对不确定因素的弹性空间，以延长校园更替的周期。

福建顺昌第一中学富州校区依山而建，设计摒弃粗放的地块平整手段，将山体纳入校园规划设计的积极因素，整体布局依山就势，合理改造山地地形，校园景观以蔓延渗透的花园作为基本骨架，使得整个校园空间有机自然，融会贯通。在遵循时代发展进步和教育模式变革的前提下，将其打造成为一所以人为本、满足学生多重需求的绝佳求学场所，一所能给予学生全方位美的熏陶、体现建筑对场所精神架构的现代花园学校。同时校园建设遵循开放前瞻、持续发展的理念，“一次性规划，分期建设”，保证了校园建筑风格的统一和延续，为学校未来发展预留土地的同时也解决了资金和土地承受力问题。

宁波杭州湾科学中学的校园设计结合宁波杭州湾新城的远期规划目标及教育趋势，提出了“校在园中，园在校上”的理念。打造花园式校园，融入历史文化积淀和人与自然和谐共处的生态可持续意识，真正地将校区变成一个集学习、休闲、文化、交流、生态于一体的新现代的精神场所，并能够与其周边的社会气候共生，形成资源共享和可持续的发展，维持校园处于一种弹性可变的自我完善，从而更好地实现校园的生态性及可持续发展的动态平衡，为宁波杭州湾新区的建设发展添砖加瓦。

图 7-14 开学前夕赶工现场（图片来源：自摄）

7.4 印证

以上的思考是基于过去校园建筑的实践经验总结而得来，通过研究分析也恰好印证了“平衡建筑”所具备五大价值特质：

人本为先（人性化）是设计的本源，也是设计为人所感动的缘由，这是基于对生命的尊重。具体的人，形形色色的人，潜在的人，对他们不同需求的研究与深度把握才是平衡的主体。

动态变化（创新性）揭示了任何平衡都是暂时的、相对的，这是平衡的常态。与时俱进，打破旧平衡，构建新平衡；找初心，找设计源点，这才是创新的源动力。

多元包容（容错性）讲究追求矛盾的特殊性与普遍性共存、共生。和而不同，跨界互动，这是由平衡的特征决定的。合作、共享、共赢，是实现平衡的环境与条件。对于项目设计来说，这既是一种现实的存在，有时也是一种主动的追求与选择。

整体连贯（整体性）追求气质上的浑然一体，既有整体的大局观，对细节的掌控又细致入微，这是平衡所追求的艺术境界与格调。

持续生态（生长性）永续发展是当代建筑思潮中的重要理念。建筑如同一个生命体，生长与更新是常态。树立全寿命周期的观念，亦是平衡建筑观中内含的社会责任。

当然在实践过程中也会不可避免地存在许多不足和遗憾。主观上，比如前期设计的考虑欠缺，导致局部功能与使用者的想法存在偏差，未能满足校方的全部需求；在紧张的设计过程中，难免存在各个专业间的协同设计不到位的情况，施工现场出现一些不符合设计预期的情况；在设计上产生冲突和矛盾的时候，迫于各方压力而妥协。

客观方面，目前多数的新建中小学在设计及建设初期，并没有一个真正的最终使用者，大多都是由政府背景的建设单位来进行实际操作，缺乏明确的项目策划，建筑师无法真正了解到使用者的实际需求，建设单位更多的也是根据既往案例提出一些指标要求，而到了校园建设中后期，具体的使用方明确之后，更会提出大量具体的使用需求，而这些需求很有可能会与之前的设计及现状存在较大的偏差，而设计师不得不在既有基础上进行优化修改。

这种修改有时候虽然能满足使用者的需求，但往往与最初的设计思路存在矛盾，会破坏项目的整体性。同时，目前国内的施工单位水平差别很大，有些不能很好地理解设计的意图，有些只是追求利益的最大化，因此对于建筑师现场把控提出了很高的要求。至关重要的是在整个建设阶段，业主的态度直接决定了项目的好坏，这比一个好的施工单位或者设计单位都更为重要。所以建设一所好的中小学校园不单需要有责任心的设计师的全程跟进，更需要有一个理解并支持设计的业主作为坚实后盾。

除此之外，目前很多中小学校园建设都面临开学的压力，工期非常紧张，导致现场施工工艺粗糙、材料变更、交叉施工、缺项甩项等一系列问题，这些情况都是让设计者感到万般无奈的（图 7-14）。

以上诸多主客观原因，很多都是无法回避的现实问题，而要真正处理好这些问题，需要的不仅是建筑师对设计的初心，还需要通过设计的手段以“平衡”这些现实问题中的方方面面，最终呈现一个多方满意的校园。虽然在这种实践过程中下形成的总结必然存在着诸多不足，但我们认为：只有坚持不懈的努力、探索、总结，才是发现适宜方法的正常途径[10]。

“平衡建筑”所具备的五大价值特质——“人本为先（人性化）、动态变化（创新性）、多元包容（容错性）、整体连贯（整体性）、持续生态（生长性）”，并不是对建筑设计理念的简单概括，而是源于建筑设计实践的积累，更多的是表达 UAD 对建筑设计的一种求索精神。

在中小学校园建筑的研究和实践中，我们通过不断地发现问题、分析问题、解决问题，在实践中积累经验，在实践中谋求创新。设计从教育的原点出发，以“育人为本”的教育的本真和基本价值立场作为指导方针，最大限度的满足“人”的需求，提供人性化、创造性的场所。在这个过程中，我们始终坚持平衡建筑理论的重要思想“知行合一”，坚持理论与实践的有机结合，理论与实践相互促进的原则[11]。

[10] 董丹申．走向平衡 [M]. 杭州：浙江大学出版社，2019.

[11] 李颖辉．轮育人为本的教育理念 [D]. 长春：东北师范大学，2012.

7.5 展望

基于平衡建筑五大价值特质的思考，不只是适用于中小学校园建筑的实践指导与梳理，“以人为本、动态变化、多元包容、整体连贯、持续生态”，更是优秀建筑作品所内涵的成功特质，也是建筑设计和实践过程中的核心理念之一。因此对平衡建筑五大价值特质的不断印证、深化，对指导我院建筑设计及教学实践具有很重要的指导和帮助作用。

关于平衡建筑五大价值特质的学术思辨，不仅是对我们已有实践进行经验总结和反思，同时也应不断融入当下建筑设计的心得以及对未来的看法和思考。因此，对未来中小学校园建筑设计的研究和实践具有很好的启发作用。

校园策划与设计的过程，就是在图纸等虚拟形态中，校园接受基地及其相关环境的诸多制约要素并不断修正自我，找到平衡点（Equilibrium Point），以期尽可能地达到与所处的空间、时间、人文、经济、交通等诸多环境脉络的相互匹配。校园建造的过程，则是该特定地方（Local Site）接受校园建筑的介入、促成建筑与基地相互整合并使自身增色，从而成就根植于基地脉络之中的原创建筑，这是一个有着阶段性、相对性和时效性的过程。基地经历了原初平衡、不平衡到新平衡，而校园建筑作为满足特定使用需求的空间载体，正是通过这个不断的建筑平衡过程来追求平衡建筑的实现。人的经验积累以及对社会的认识是一个不断内化并寻求的过程，每一次体验都会是独一无二。这也就造成了建筑世界多元的开放性，也恰恰体现人类作为社会性生物的本质。

一处有温度感的校园，会让过往或现在的所有师生都觉得生命有价值，真正感受到归属，这对于推动我国教育行业的前进具有积极的作用。本书围绕平衡建筑五大价值特质，剖析了中小学校园建筑中现状存在的一些问题，并展现了符合目前中小学校园建设需求的一些思考与设计方式。

平衡建筑的五大价值特质，不是一种大而全的理论框架体系，而是先以一种开放的结构和可发展的方式归纳出一些特征和规律，是引领 UAD 平衡建筑学术研究和建筑实践的重要理论依据之一。五大价值特质是平衡建筑理论中的重要环节，上承“三相合一”[12]（情理合一、技艺合一、形质合一）、下引“十大设计原则”，对于整个平衡建筑体系的构建具有重要的作用。通过五大价值特质对设计和实践的指导，让建筑师在执业过程中将理论与实践相合一。进而，通过专业的创造性转化与创新性思考，更好地指导我们在工程实践中把握时代的特征，回归设计的源点（即平衡点），凸显每个专业人士的价值和尊严。尊重教育规律与教育生态，给每个学校自由生长的空间，让每一所学校有活力地存在，有个性地可持续发展。

每一次努力奔跑即使不一定能达到最终目的地，但是沿途的风景已经足够美丽！

[12] 李宁．平衡建筑 [J]. 华中建筑，2018 (1): 16.

附录

项目列表

项目名称	项目地址	建筑规模	业主	设计时间 建成（拟建成）时间
宁波杭州湾滨海小学	浙江宁波	4.4 万平方米	宁波杭州湾新区教育发展中心	2016~2017（2019）
浦城一中新校区	福建浦城	9.1 万平方米	福建省浦城第一中学	2017~2020（2021）
北大附属嘉兴实验学校	浙江嘉兴	12.3 万平方米	嘉兴经济技术开发区投资发展集团有限责任公司	2014~2015（2016）
华东师大附属桐庐双语学校	浙江桐庐	12.8 万平方米	杭州桐庐恒泽投资有限公司	2018~2020（2021）
德清新高级中学	浙江德清	10.6 万平方米	德清县教育发展有限责任公司	2017~2018（2020）
宁波鄞州钟公庙第二初级中学	浙江宁波	5.7 万平方米	宁波市鄞州区教育局	2018~2019（2020）
宁海技工学校	浙江宁波	6.0 万平方米	宁海县公共建设管理中心	2011~2012（2014）
桐乡市现代实验学校新校区	浙江桐乡	6.8 万平方米	桐乡市现代实验学校	2017~2019（2020）
顺昌第一中学富州校区	福建顺昌	6.7 万平方米	顺昌县城市投资建设开发有限公司	2017~2018（2021）
宁波杭州湾科学中学	浙江宁波	9.1 万平方米	宁波杭州湾新区教育发展中心	2016~2017（2020）

参考文献

第一部分：书籍

[1] 董丹申 . 走向平衡 [M]. 杭州：浙江大学出版社，2019.

[2] 张宗尧 , 李志民 . 中小学建筑设计 [M]. 北京：中国建筑工业出版社 ,2009,6.

[3] [美] 弗兰克 . 戈布尔（Frank Goble). 第三思潮：马斯洛心理学 [M]. 吕明 , 陈红雯译 . 上海：世纪出版集团上海译文出版社 ,2006:78.

[4] 隈研吾 . 负建筑 [M]. 济南：山东人民出版社 ,2008.

[5] 杨廷宝 . 杨廷宝建筑设计作品集 [M]. 北京：中国建筑工业出版社 ,1983.

[6] 保罗·索勒 . 生态建筑学：人类理想中的城市 [M]. Cosanti Press,2006.

[7] 弗兰克·劳埃德·赖特 . 一部自传 [M]. 上海：上海人民出版社 ,2014.

[8] 王维洁 . 路康建筑设计哲学论文集 [M]. 台北：田园城市文化事业有限公司 ,2000.

[9] 《国家中长期教育改革和发展规划纲要》（2010-2020）.

第二部分：连续出版物

[1] 李力 . 当今教育理念下的国内中小学建筑设计方式初探 [D]. 天津：天津大学 ,2015.

[2] 刘厚萍 . 中小学学校空间变革研究 [D]. 上海：华东师范大学 ,2019.

[3] 叶鑫，徐露，龚曲艺 . 基于共享理念的中小学校园设计策略探讨 [J]. 建材与装饰 ,2018(37):95-96.

[4] 张涛 . 当前我国中小学建筑设计中存在的问题及分析 [J]. 建材与装饰 ,2018(31):77-78.

[5] 张新平 . 巨型学校的成因、问题及治理 [J]. 教育发展研究 ,2007,(1):5-11.

[6] 华乃斯，张宇 . 适应新时代需求的中小学教学空间模块设计研究 [J]. 建筑与文化 ,2018(10):60-62.

[7] 阳柳 . 大陆与台湾地区中小学校建筑空间及环境的比较研究 [D]. 长沙：湖南大学 ,2016.

[8] 史建 . 建筑还能改变世界——北京四中房山校区设计访谈 [J]. 建筑学报 ,2014,(11):1-5.

[9] 朱伟伟 . 建筑的非功能空间设计研究 [D]. 合肥：合肥工业大学 ,2011.

[10] 周榕 . 建筑是一种陪伴——黄声远的在地与自在 [J]. 世界建筑 ,2014,(3):74-81.

[11] 黄声远 . 十四年来，罗东文化工场教给我们的事 [J]. 建筑学报 ,2013,(4):68-69.

[12] 祝晓峰 . 蜂巢里的童年上海华东师范大学附属双语幼儿园 [J]. 时代建筑 ,2016,(3):90-97.

[13] 科特・伊米尔・伊莱克森，宋晔皓 . 访谈：可持续设计下的建筑师与使用者 [J]. 建筑学报 ,2016,(5):113-117.

[14] 袁丹龙 . 从建筑师视角走向使用者视角的地域主义 [J]. 新建筑 ,2018,0(6).

[15] 胡燕娜，张秋云 . 区域文化与大学文化建设研究——以宁波杭州湾新区为例 [J]. 时代教育 ,2016,(5):107-107,109.

[16] 夏洋，曹靓，张婷婷等 . 海绵城市建设规划思路及策略——以浙江省宁波杭州湾新区为例 [J]. 规划师 ,2016,32(5):35-40.

[17] 庞晓丽 . 中小学校园环境中廊空间的设计和意境营造 [D]. 长沙：湖南大学 ,2007.

[18] 李茜 . 基于儿童心理角度的小学校园环境设计研究 [D]. 长沙：湖南大学 ,2014.

[19] 何镜堂，郭卫宏，吴中平等 . 浪漫与理性交融的岭南书院—— 华南师范大学海院的规划与建筑创作 [J]. 建筑学报，2002(4):4-7.

[20] 王琼，季宏，张鹰等 . 闽北古建聚落初探——以武夷山城村为例 [J]. 华中建筑 ,2015(9):168-172.

[21] 朱明 . 创造自然，物质，人文三位一体的校园环境：对开放式学校园规划及建筑的探讨 [J]. 华中建筑 ,1998 (3) :102-107.

[22] 李宁 . 平衡建筑 [J]. 华中建筑，2018 (1): 16.

[23] 董丹申，陆激，陈翔等 . 建筑设计的轻与重——浙江大学紫金港校区实验中心设计 [J]. 建筑学报 ,2003,(9):31-33.

[24] 蔡瑞定，戴叶子 . “三重式” 设计策略在南方校园建筑综合体的应用解析 [J]. 城市建筑 ,2014.

[25] 陆激，周欣 . 读懂教育，设计未来——基于教育理念更新的中小学设计探索 [J]. 城市建筑 ,2016.

[26] 张俊 . 当前中小学教学楼建筑设计创新初探 [J], 城市建筑 ,2015.

[27] 陈宾 . 动态空间 [D]. 上海：同济大学 ,2008.

[28] 周术，余立，于英 . 当代博物馆演绎“漫步空间”的两种可能性——以德勒兹的空间思想解读SANAA与扎哈・哈迪德作品 [J], 新建筑 ,2016.

[29] 陈铭霞 . 联合国教科文组织教育政策价值取向发展研究 [D]. 上海：上海师范大学 ,2018.

[30] 朱兴兴 . 超大规模高中组团空间结构模式研究 [D]. 西安：西安建筑科技大学 ,2013.

[31] 沈若宇，李志民．城市中小学校空间发展策略研究 [J]. 华中建筑，2018,(12).

[32] 刘志杰．当代中学校园建筑的规划和设计 [D]. 天津：天津大学，2004.

[33] 余治富．中小学校园景观设计的自然生态研究 [D]. 重庆：重庆大学，2012.

[34] 郭书胜．当代台湾中小学校园建筑及 21 世纪转型的新趋势 [D]. 上海：同济大学，2008.

[35] 董屹．崔哲．弥散的公共性 宁波江北城庄学校设计策略 [J]. 时代建筑，2013,(5).

[36] 常青．建筑学的人类学视野 [J]. 建筑师，2008(06):95-101.

[37] 邓烨．历久弥新——北京三十五中高中新校园设计 [J]. 建筑技艺，2015,(9).

[38] 宋吟霞．宁波江北岸外滩近代建筑研究 [D]. 杭州：浙江大学，2018.

[39] 阎波．中国建筑师与地域建筑创作研究 [D]. 重庆：重庆大学，2011.

[40] 魏春雨，黄斌，李煦等．场所的语义：从功能关系到结构关系——湖南大学天马新校区规划与建筑设计 [J]. 建筑学报，2018,(11):100-105.

[41] 林龄．国际建筑师联合会第十四届世界会议：建筑师华沙宣言 [J]. 世界建筑，1981(05):42-43.

[42] 吴良镛．科学发展观指导下的城市规划 [J]. 人民论坛，2005,000(006):34-37.

[43] 金江．大学校园室外空间环境人性化设计研究 [D]. 武汉：华中科技大学，2003.

[44] 寿劲秋，马宁．依山顺势，和谐共生——集约山地校园规划设计探讨 [J]. 华中建筑，2010,28(8):67-71.

[45] 伍一，许懋彦．能力导向方针下的新加坡中小学校设计理念更新 [J]. 城市建筑，2016,(1):25-29.

[46] 吴震陵，陈冰，王英妮，生发于乡野之间——宁海技工学校营造回顾 [J]. 华中建筑，2017,35(6).

[47] 杨鹏，吴震陵，吕晓峰，赵黎晨，筑巷造园·回归梦里水乡——现代语境下如何体现校园文化的在地性 [J]. 城市建筑，2018,0(32).

[48] 王欢．城市高密度下的中小学校园规划设计 [D]. 天津：天津大学，2012.

[49] 俞涛．校园空间的设计原则和设计手法研究 [D]. 武汉：华中科技大学，2004.

[50] 张艳颖．当代教育新理念下的中学建筑教育空间模式与设计探讨 [D]. 杭州：浙江大学，2015.

[51] 李颖辉．轮育人为本的教育理念 [D]. 长春：东北师范大学，2012.

致谢

一

在多方帮助下，经过长时间的准备，本书终于得以完成。首先感谢浙江大学建筑设计研究院（以下简称 UAD）以及所有本书提及的项目业主，正是因为有了 UAD 这个平台给予的支持，有了业主给予的信任，才可能参与这些项目的实践；也正是因为设计团队所有成员一直以来对平衡建筑理论的研究与践行，才可能有本书中的这些思考以及相应的积累。

二

感谢本书所列举的 UAD 中小学项目参与设计师提供了有效的、翔实的数据及资料。感谢章嘉琛、杨鹏、许逸敏、胡惟洁、李才全、赵黎晨、赵超楠、石绍聪、张岩等 UAD 同事在本书写作过程中给予的帮助与投入。

三

感谢丁禄霞老师和李丛笑老师对本书完成给予的无微不至付出。

四

感谢中国建筑出版传媒有限公司（中国建筑工业出版社）对本书出版的大力支持。

五

感谢本书中所有引用的书籍及论文的作者为本书的撰写提供了宝贵的参考资料。

六

特别要感谢 UAD 学术总监李宁老师对本书的多次指导。

七

本书所体现的在设计策划与实践基础上的思考与深化只是在该领域的一个开始，将来的路更长。有平衡建筑这一学术纽带，必将集腋成裘、聚沙成塔，使 UAD 不断彰显出高校建筑设计研究院的设计与学术价值。

图书在版编目（CIP）数据

惟学无际 ：中小学校园策划与设计实践 / 吴震陵，董丹申著.
—北京 ：中国建筑工业出版社，2020.6
（走向平衡系列丛书）
ISBN 978-7-112-25042-4

Ⅰ. ①惟… Ⅱ. ①吴… ②董… Ⅲ. ①中小学—建筑 设计 Ⅳ.
①TU244.2

中国版本图书馆CIP数据核字（2020）第 067516 号

本书立足浙江大学建筑设计研究院多年来一直坚持的“平衡建筑”理论，通过新视域重新审视当下的中小学校园设计。回顾近年十个不同类型的中小学校园设计策划及实践，结合“平衡建筑”理论的五大价值特质，进行经验总结和反思。本书理论结合实际，体现一个从策划图纸到投入使用，从虚拟到现实，校园如何接受人文及自然环境、投资及建造等诸多的制约，并不断修正自我，最终寻找合适平衡点的过程。从而构筑一处有温度感、让过往及未来所有师生都觉得生命有价值的校园，并成为学生成长过程中最大、最为直观的教具。本书适用于建筑及相关专业有意于专注中小学校园设计领域的设计师， 以及作为建筑及相关专业本科生、研究生的参考书，也可作为校园建设的管理者、使用者以及建设者的参考资料。

责任编辑：唐 旭 吴 绫
文字编辑：李东禧 孙 硕
责任校对：焦 乐

走向平衡系列丛书
惟学无际 中小学校园策划与设计实践
吴震陵 董丹申 著
*
中国建筑工业出版社出版、发行（北京海淀三里河路9号）
各地新华书店、建筑书店经销
北京雅昌艺术印刷有限公司印刷
*
开本：787×1092毫米 1/16 印张：12¾ 字数：339千字
2020年8月第一版 2020年8月第一次印刷
定价：168.00元
ISBN 978-7-112-25042-4
（35854）